U0337800

高等学校计算机应用规划教材

C语言程序设计学习指导与实验教程

（第五版）

冯相忠　主　编

潘洪军　亓常松　叶其宏　吴远红　副主编

清华大学出版社

北　京

内 容 简 介

本书是与教材《C语言程序设计(第五版)》相配套的学习指导与实验用书，内容主要包括C语言程序设计学习指导和C语言程序设计实验教程两部分。在学习指导部分，介绍C语言各章知识的要点和难点，选择了一些典型例题进行分析，选编了一些练习题。这些练习题题型丰富、覆盖面广，包括选择题、填空题、阅读程序写结果题、编写程序题，并且每道题都给出了参考答案。通过这些练习题，可以训练读者理解和掌握C语言的基本概念与基本语句，学会编写程序以及掌握编程的方法和技巧。在实验教程部分，介绍了10个实验内容，为读者在计算机上进行程序的编辑、调试和运行提供了详细的指导。对于每个实验，列出了实验目的、实验知识内容提要、实验的具体内容以及实验完成后的思考问题。通过这些实验，提高读者的实际动手能力。

本书条理清晰、语言流畅、通俗易懂，实用性强，既可作为高等院校应用型本科专业的教材，也可供自学者以及参加C语言计算机等级考试的人员阅读使用。

图书在版编目(CIP)数据

C语言程序设计学习指导与实验教程 / 冯相忠 主编. —5版. —北京：清华大学出版社，2020.7
高等学校计算机应用规划教材
ISBN 978-7-302-55847-7

Ⅰ.①C…　Ⅱ.①冯…　Ⅲ. ①C语言—程序设计—高等学校—教学参考资料　Ⅳ.①TP312.8

中国版本图书馆CIP数据核字(2020)第106062号

责任编辑：胡辰浩
封面设计：孔祥峰
版式设计：妙思品位
责任校对：成凤进
责任印制：杨　艳

出版发行：清华大学出版社
网　　址：http://www.tup.com.cn，http://www.wqbook.com
地　　址：北京清华大学学研大厦A座　　邮　　编：100084
社 总 机：010-62770175　　邮　　购：010-62786544
投稿与读者服务：010-62776969，c-service@tup.tsinghua.edu.cn
质 量 反 馈：010-62772015，zhiliang@tup.tsinghua.edu.cn
印 装 者：三河市国英印务有限公司
经　　销：全国新华书店
开　　本：185mm×260mm　　印　　张：15.25　　字　　数：390千字
版　　次：2011年1月第1版　　2020年8月第5版　　印　　次：2020年8月第1次印刷
印　　数：1～3000
定　　价：62.00元

产品编号：088808-01

前　言

C 语言是被广泛使用的一种计算机语言，由于它具有功能丰富、灵活性强、可移植性好、语言简洁、应用面广等特性，因此深受广大用户的喜爱。

对于 C 语言，初学者可能感觉学起来比较吃力，具体表现为：感觉 C 语言的语法难以理解，C 语言的语句不易正确使用，设计和编写程序时不知如何下手，综合运用 C 语言知识处理实际问题较棘手。有鉴于此，为了帮助读者学好 C 语言，顺利通过各级各类相关考试，并能熟练将其运用于实际工作中，我们组织长期从事 C 语言教学工作的教师，编写了这本《C 语言程序设计学习指导与实验教程(第五版)》。

本书内容分为两部分，一部分是 C 语言的学习指导；另一部分是 C 语言的实验教程。

在学习指导部分，对 C 语言各章知识的要点和难点进行了整理归纳和深入分析，以使读者明确各章应该着重掌握的知识和深入理解的问题。在学习指导部分，选择了一些典型例题进行分析，以使读者理解并能够灵活运用各章知识。在学习指导部分，选编了相应习题，每道题基本上都给出了参考答案。这些习题既可以训练读者理解和掌握 C 语言的基本概念与基本语句，又可以训练读者学习编写程序的方法和技巧。对于每一道编写程序题，本书只给出了一种参考答案，因为每个问题一般都有多种编程方法，所以读者不要受参考答案的限制。

在实验教程部分，根据 C 语言的教学内容，本书设计了 10 个上机练习实验，为读者在计算机上进行程序的编辑、运行和调试提供详细的指导。对于每个实验，均列出了该实验要达到的目的、所涉及的 C 语言知识要点、具体操作以及实验完成后的思考问题。认真完成这些实验，读者将能够极大地提高编程能力。

除封面上署名的浙江海洋大学的主编和副主编外，参与本书编写的还有王广伟、乐天、毕振波、江有福、朱本浩、宋广军、张建科、陈荣品、侯志凌、管林挺、谭小球、谭安辉等。

由于编者水平有限，书中难免存在错误与不足之处，诚恳欢迎读者批评指正。我们的邮箱是 huchenhao@263.net，电话是 010-62796045。

编　者

2020 年 4 月

目　　录

第1篇　C语言程序设计学习指导

第1章

C语言概述

1.1 本章要点

1.1.1 C语言的优点

(1) 语言简洁、紧凑，使用方便、灵活，运算符和数据结构丰富。

(2) 允许直接访问物理地址，能够进行位操作，可实现汇编语言的大部分功能，可以直接对硬件进行操作。

(3) 具有结构化的控制语句，是结构化的理想语言。

(4) 语法限制不太严格，程序设计自由度大。

(5) 编写的程序可移植性好。

(6) 生成的目标代码质量好，程序执行效率高。

1.1.2 C语言程序的结构

(1) 一个源程序由若干个文件组成，每个文件由若干个函数组成，其中有且仅有一个主函数(main 函数)。

(2) 一个函数由函数首部(函数第一行)和函数体(函数首部后面大括号内的部分)组成。函数首部包括函数类型、函数名和括号中的若干参数；函数体由声明部分和执行部分组成。

(3) 程序书写格式自由，一行内可写多条语句，一条语句也可以分写在多行上，且语句中的空格和回车符均可忽略不计。

(4) 程序的注释内容放在/*和*/之间，/和*之间不允许有空格；注释部分允许出现在程序中的任何位置。

1.1.3 C语言源程序的编辑、编译、链接和运行

对于使用 Visual C++、C-Free 或 Turbo C 编写的 C 语言源程序，经过编译、链接生成可执行文件后，即可运行。

1.2 习　题

1. 简述 C 语言源程序的结构特点。
2. 写出 C 语言中一个函数的构成。
3. 编写完成如下任务的程序，然后上机编译、链接并运行。

输出两行字符，第 1 行是“The computer is our good friends!”，第 2 行是“We learn C language.”。

4. 编写完成如下任务的程序，然后上机编译、链接并运行。

已知 a=10、b=5，计算 a+b、a–b 的值，输出计算结果。

1.3 习题参考答案

1. (略)
2. (略)
3.

```
#include <stdio.h>
main()
{printf("The computer is our good friends!\n");
  printf("We learn C language.\n");
  return 0;
}
```

4.

```
#include <stdio.h>
main()
{int a=10,b=5,c,d;
  c=a+b;    d=a-b;
  printf("a+b=%d,a-b=%d \n",c,d);
  return 0;
}
```

第2章 数据类型、运算符和表达式

2.1 本章要点

2.1.1 C 语言的数据类型

C 语言提供了丰富的数据类型，通过这些数据类型可以实现如链表、栈等复杂数据结构的编写。程序中的每一个量(包括常量和变量)都属于某一种特定的数据类型。

2.1.2 标识符

所谓标识符就是指在程序中用于标识函数、变量以及常量且符合一定命名规则的字符串。C 语言标识符可以包括一个或多个字符，字符可以是英文字母、数字或下画线，但第一个字符必须是字母或下画线。

特别提醒： C 语言标识符区分字母大小写；标识符命名不宜过长，最好有明确的含义。

2.1.3 常量

常量是在程序运行过程中其值不可被改变的量。常量的类型包括整型常量、实型常量、字符常量、字符串常量和符号常量这 5 类，下面分别予以介绍。

1. 整型常量

整型常量有 3 种形式，分别为十进制整型常量、八进制整型常量和十六进制整型常量。

特别提醒： 八进制数以数字 0 开头，十六进制数以 0x 开头，第一位都不是字母 o，以字母 o 开头不是常量的写法，这需要初学者特别注意。

2. 实型常量

实型常量有两种表示形式，分别为小数形式和指数形式。

3. 字符常量

一个字符常量代表 ASCII 字符集中的一个字符，在程序中用单引号(')引起来。

特别提醒：'a'和'A'是两个不同的字符常量；除了这类可打印字符使用的格式以外，对于一些特殊字符常量，采用转义字符的方式表示，要注意转义字符的构成方式。

4. 字符串常量

字符串常量指的是用双引号引起来的一个或多个字符。

5. 符号常量

符号常量是使用宏定义#define 来定义的常量，即用一个标识符代表一个常量，程序中出现的该标识符，等同于使用定义时所用到的常量。符号常量可以是上述各常量的任何一种类型。

2.1.4 变量

变量就是其值在程序运行过程中可以改变的量。注意：变量的值可以改变，但并不是非变不可。变量具有变量名，它实际上代表一定的存储单元，其中存储的是该变量的值，通过变量名可以引用其所代表的存储单元中的内容。不同类型的变量其存储单元的大小不同。变量的使用必须符合“先定义，后使用”的原则。变量的类型包括整型、实型、字符型这 3 类，下面分别予以介绍。

1. 整型变量

整型变量有 6 种，分别为有符号基本整型(signed int)、无符号基本整型(unsigned int)、有符号短整型(signed short int)、无符号短整型(unsigned short int)、有符号长整型(signed long int)、无符号长整型(unsigned long int)。

2. 实型变量

实型变量包括单精度(float)和双精度(double)两种类型。

3. 字符型变量

字符型变量用于存放一个字符，用关键字 char 来声明。

在 C 语言中，字符型变量也有带符号与无符号之分，一般情况下，直接使用 char 声明的字符变量是带符号的，其数值范围为－128~127；可以使用 unsigned char 声明无符号字符型变量，其数值范围为 0~255。

2.1.5 数据类型的转换

当同一表达式中各个数据的类型不同时，需要把它们转换成同一类型后再进行计算，这种转换可以由编译程序自动实现，即自动转换；也可以由程序员在编译程序时使用类型转换运算符实现，即强制转换。

1. 自动转换

自动转换又可以分为两类，一类是必然实现的转换，即不论参与运算的数据类型是否一致，某些类型的数据也必然转换为另一种类型，主要包括如下两种情况。

(1) 凡属于 char、short 类型的变量在运算时一律转换为 int 类型。

(2) 凡属于 float 类型的变量在运算时一律转换为 double 类型。

另一类是当运算对象的数据类型不同时，按照从低到高的顺序进行转换。例如，若 a 是 int 类型，b 是 double 类型，计算 a/b 时，将 a 转换成 double 类型后，再与 b 相除。

2. 强制转换

格式为：(数据类型标识)表达式

其作用是把表达式的结果转换为由“数据类型标识”指定的数据类型。例如，(double)(a+b)，是将 a+b 的值强制转换为 double 类型。注意，(double)(a+b)与(double)a+b 不同。

2.1.6　C 语言运算符的优先级和结合性

所谓运算符的优先级，是指当一个表达式中存在两个(或两个以上的)运算符时，根据运算符的优先级决定先执行哪个运算符？例如对于 a+2×b，因乘法的优先级高于加法，故先执行乘法，后执行加法。所谓运算符的结合性，是指当一个操作数两侧的运算符具有相同的优先级时，该操作是与左边的运算符结合，还是先与右边的运算符结合？可分为自左至右、自右至左两种结合方向。例如，加减法是自左向右结合的，对于 a−b+c，变量 b 先与减号结合，执行 a−b，然后再执行+c 运算。

本章涉及的具体运算符的优先级和结合性如表 1-2-1 所示。

表 1-2-1　C 语言运算符的优先级和结合性

优 先 级	运 算 符	名　称	结合方向
1	++ −− − (类型) sizeof	增 1 运算符 减 1 运算符 负号运算符 类型转换运算符 长度运算符	自右向左
2	* / %	乘法运算符 除法运算符 取模运算符	自左向右
3	+ −	加法运算符 减法运算符	自左向右
4	=　+=　−=　*= /=　%=	赋值运算符	自右向左
5	,	逗号运算符	自左向右

2.1.7 算术运算符和算术表达式

算术运算符包括加(+)、减(–)、乘(*)、除(/)、取模(%)，其运算符合数学上的运算规则。需要说明的是：两个整型量相除时，所得的结果为整型，如 3/2 的结果为 1，而非 1.5；取模运算要求连接的两个量必须是整型数据。

算术表达式指用算术运算符和括号将运算量连接起来、符合 C 语言语法规则的表达式。括号可以改变运算符的自然运算顺序，注意只能使用小括号。

2.1.8 自增运算符和自减运算符

自增运算是使变量的值增 1，而自减运算是使变量的值减 1。

特别提醒：

(1) 只有变量才能用自增(减)运算符连接，不可以将该类运算符用于表达式或常量。

(2) 自增(减)运算有前缀方式和后缀方式两种，使用时注意两者的区别。

(3) 自增(减)运算符为单目运算符，其结合性都是自右向左结合。

2.1.9 赋值运算符和赋值表达式

赋值运算符的一般使用形式为“变量=表达式”，用于连接一个变量(准确一点说是内存单元)与一个表达式，其功能是把右边表达式的值赋予左边的变量。

左边的变量(内存单元)称为左值，右边的表达式称为右值。

2.1.10 复合赋值运算符

在赋值运算符之前加上其他运算符可以构成复合赋值运算符，这主要是为了提高 C 语言编译器的编译效率。例如，与算术运算符结合可以形成+=、–=、*=、/=、%=。

需要说明的是：复合赋值运算符的两个符号之间一定不能有空格，复合赋值运算符与赋值运算符(=)具有相同的优先级和结合性。

2.1.11 逗号运算符

用逗号运算符将两个表达式连接起来所形成的表达式称为逗号表达式，一般形式为：

表达式 1, 表达式 2

需要说明的是：逗号运算符连接的表达式 1 或表达式 2 也可以是逗号表达式。

逗号表达式通常用于连接一些处于并列关系的表达式，可以用在 for 语句中。

2.2 本章难点

2.2.1 运算符的优先级

不同优先级的运算符出现在同一表达式中时，必须根据各运算符的优先级来使用它们，否则运算的结果就可能不正确。

各种类型运算符的优先级有一定的规律(可参照第 2.1 节中关于运算符优先级的内容)可循，如果难以确定各运算符的优先级，可以在表达式中适当地加上一些小括号来避免意外结果的产生。另外，在运算符的两边有意加上若干个空格，也可增强表达式的可读性。

例如，对于表达式(M)?(a++):(a--)，其中的运算符++、--的优先级相同，且都高于条件运算符(?:)，所以这个表达式也可写成 M ?a++:a--，其作用与原表达式完全相同，但可读性就远不如原表达式了。

2.2.2　运算符的结合性

运算符的结合性其实是一个经常值得考虑的问题，如常说的“负负得正”。对于表达式“－ －5”(为了与 C 语言的自减运算符区分，两个负号之间特地用了一个空格，这个表达式与－(－5)等价，即等于 5)，负号作为一个运算符，显然后面不能直接跟一个运算符，而应该跟一个运算量，这样一来，就应该先处理后面(右边)的负号，也就是说后面的负号与运算量 5 结合，得到一个－5，在此基础上，再运算前一个(左边)的负号，得结果为 5。这里就存在一个先计算哪一个负运算的问题，显然两个运算符的优先级相同(同一个运算符)，此时，应根据运算符的结合性来决定先运算哪一个，从上面的分析可以看出，负运算的结合性是自右向左。

在运算符的结合性不是很清楚的情况下，可以适当地添加小括号或添加空格来增强表达式的可读性。

2.2.3　复合赋值运算符

复合赋值运算符在一定程度上可以提高程序的编译效率，但会影响程序的可读性，尤其对于初学者，应该限制性地使用这类运算符。

在使用复合赋值运算符时，一定要弄清楚它们的含义，其作用是将左边的变量与右边的表达式进行运算，再将结果赋值给左边的变量，因此也称为自反运算。

当复合赋值运算符右边是一个表达式，而非单个变量时，需特别注意。如表达式 a*=b/c，该表达式相当于 a=a*(b/c)，而不能看作 a=a*b/c。

2.2.4　赋值类型转换

如果赋值运算符连接的左值与右值的数据类型不一致，在赋值前系统将自动把右值按左值的数据类型进行转换(也可以用强制类型转换的方式，把右值类型转换为左值类型后再进行赋值)，但这种方式仅限于某些数据类型之间，通常称为“赋值兼容”。

常用的赋值转换规则如下。

(1) 当右值为实型，左值为整型时，把实型数据的小数部分截断。

(2) 当右值为整型，左值为实型时，数值不变，但以浮点数形式存储于左值中。

(3) 当右值为 double 类型，左值为 float 类型时，取右值的前 7 位有效数字，赋值于左值。

(4) 当右值为字符型，左值为整型时，将右值进行扩展(带符号数进行符号位扩展，无符号数进行 0 扩展)，再赋值于左值。此规则同样适用于右值为较短的整型，而左值为较长的整型的情况。

(5) 当右值为整型，左值为字符型时，截取右值的低8位，原封不动地赋值于左值。

2.3 例题分析

例 2.1 以下各项中不合法的用户标识符是(　　)。

A. st.n　　B. file　　C. Main　　D. GO

解： C语言规定标识符只能由字母、数字与下画线构成，由此得出答案为选项A，因为它含有“.”符号。选项B是合法的标识符。选项C、D中包含了大写字母，但C是区分字母大小写的，所以C、D不是C语言的保留字符，可以作为合法的标识符。

例 2.2 以下各项中不正确的实型常量是(　　)。

A. 7.375E－1　　B. 0.3048e2　　C. －44.44　　D. 123e－2.5

解： 实型常量有小数形式与指数形式两种表示法。选项C是小数形式表示的实型常量，是正确的。指数形式的实型常量由两部分组成，即尾数与指数，其中尾数必须是一个合法的小数形式的实型常量，而指数必须是一个合法的整型常量。根据以上分析，选项D的指数部分不是一个合法的整型常量，即是不正确的实型常量，故选D。

例 2.3 下列不合法的十六进制整型常量是(　　)。

A. oxff　　B. 0Xabd　　C. 0x16　　D. 0x345

解： C语言规定十六进制整型常量以0x或0X开头，数字符号范围为0至9、'A'至'F'或'a'至'f'。选项A以字母o开头，不符合C语言的规定，是不合法的十六进制数，故选A。顺便指出，以字母(o)开头恰好符合标识符的命名规则，故A可以作为合法标识符，但不是一个合法的十六进制常量。

例 2.4 以下程序的运行结果是(　　)。

```
main()
{ int a=3, b=3,c,d;
  c=a++;  d=b--;  printf("%d,%d,%d,%d\n", a,b, c,d);
  c=++a;  d=--b;  printf("%d,%d,%d,%d\n", a,b, c,d);
}
```

A. 3，3，4，2　　B. 4，3，3，3　　C. 4，2，3，2　　D. 4，2，3，3
　5，1，5，3　　　3，3，5，3　　　5，2，5，3　　　5，1，5，1

解： 自增(减)运算符有前缀与后缀两种使用形式，其区别是，使用前缀方式时，先实现变量的自增(减)1，而使用后缀方式时，先引用变量的当前值，然后变量再自增(减)1。本题正确答案为D。

例 2.5 若变量已正确定义并赋值，以下符合C语言语法表达式的是(　　)。

A. a+=b+c=5+d　　B. a=7+b+c,a++　　C. a=a–8;　　D. 4.5%2

解： 对于选项A的后半部分“b+c=5+d”，由于赋值运算符的左边出现了表达式，故是错误的；选项C看起来是正确的，但因为后面有一个“;”，所以不是表达式，而是赋值语句，故是错误的；选项D中的%运算符要求参与运算的量为整型量，故也是错误的；只有选项B是正确的，B中赋值符号的右侧是一个合法的逗号表达式。

例 2.6　写出下面程序的运行结果。

```
main()
{ int a=7,b=2;
  printf("%d,%d,%f,%f\n", a/b,a%b,(float)a/b, (float)(a/b));
}
```

解：程序的运行结果是：3,1,3.500000,3.000000。

因为 a 和 b 都是整型，所以 a/b 是整型，值为 3，不是 3.5；a%b 是求 a 除以 b 的余数，所以是 1；(float)a/b 是先将 a 转换成实型，再与 b 相除，b 当然也要转换成实型，所以结果是实型；(float)(a/b) 是先做 a/b 运算(值为 3)，然后再将 3 转换成实型。

例 2.7　写出下面程序的运行结果。

```
main()
{ printf("\"\\%%\101\102\103\104%%\\\"\n");
  printf("\'\x61\x62\x63\x64\'\\%%\n");
  printf("\"ABCD\"\60\61\62\63\64\b\x30\x31\x32\x33\n");
}
```

解：程序的运行结果如下。

```
"\%ABCD%\"
'abcd'\%
"ABCD"01230123
```

对于放在 printf 函数的双引号内的转义字符，(\")输出一个双引号，(\')输出一个单引号，(\\)输出一个反斜线，(\101)输出 A，(\102)输出 B，(\103)输出 C，(\104)输出 D，(\x61)至(\x64) 输出 abcd，(\60)至(\64) 输出 01234，(\b)是退格，退格的结果擦掉了 4，(\x30)至(\x33)输出 0123。对于放在 printf 函数的双引号内的其他字符(如 ABCD)原样输出。对于放在 printf 函数的双引号内的两个并列的%只输出一个%。注意(%%)与(%d)或(%c)等输入、输出控制符号不同。

2.4 习　题

2.4.1　单项选择题

1. 数据在内存中是以(　　)形式存放的。
   A. 二进制　　B. 八进制　　C. 十进制　　D. 十六进制
2. 下列数中，(　　)是浮点数的正确表示形式。
   A. 223　　B. 719E22　　C. e23　　D. 12e2.0
3. 字符型常量在内存中存放的是它的(　　)二进制形式。
   A. ASCII 码　　B. BCD 码　　C. 内部码
4. “BB\n\\\123\t”包括的字符数是(　　)。

A. 6　　B. 7　　C. 8　　D. 9

5. 若变量 a、i 已正确定义，且 i 已正确赋值，以下合法的语句是(　　)。

A. a= =1　　B. ++i;　　C. a=a++=5;　D. a=int(i);

6. 下列运算符中，结合方向为自左向右的是(　　)。

A. =　　B. ，　　C. +=　　D. – –

7. 若有“int x;”，则 sizeof(x)和 sizeof(int)两种描述(　　)。

A. 都正确　　B. 值不一样　　C. 前者正确　　D. 后者正确

8. 整型变量 x=1，y=3，经下列计算后，x 的值不等于 6 的是(　　)。

A. x=(x=1+2, x*2)　　B. x=y%5/2*6

C. x=9-(--y)-(++x)　　D. x=y*4.2/2

9. 单精度变量 x=3.0，y=4.0，下列表达式中 y 的值为 9.0 的是(　　)。

A. y/=x*27/4　　B. y+=x+2.0　　C. y– =x+8.0　　D. y*=x-3.0

10. 若整型变量 i=3，j=4，整型变量 k=(i++)+(j--)后，k 的值为(　　)。

A. 6　　B. 7　　C. 8　　D. 9

11. 设有整型变量 x=1，表达式(x || 0)&&(!x)的值为(　　)。

A. 0　　B. 1　　C. 10　　D. 11

12. 执行“printf("number:\101,\x42");”，输出为(　　)。

A. number:\101,\x42　　B. number:A,B

C. number:101,x42　　D. number:a,b

13. 有整型变量 x，单精度变量 y=5.5，表达式 x=(float)(y*3+((int)y)%4)执行后，x 的值为(　　)。

A. 17　　B. 17.500000　　C. 17.5　　D. 16

14. 表达式(a=10%7, b=3/2, a=a+b, a%3)的值为(　　)。

A. 1.5　　B. 1　　C. 4　　D. 3

15. 以下各项中值最大的是(　　)。

A. sizeof(int)　　B. sizeof(unsigned long)

C. sizeof(double)　　D. sizeof(long)

16. 在 C 语言中，不正确的 short int 类型的常数是(　　)。

A. 32768　　B. 0　　C. 037　　D. 0xAF

17. 当变量 c 的值为 0 时，在下列选项中能正确将 c 的值赋给变量 a、b 的是(　　)。

A. c = b = a ;　　B. (a = c)||(b = c);

C. (a = c)&&(b = c);　　D. a = c = b ;

18. 下列程序的输出结果是(　　)。

```
main( )
{ double   d=3.2;       int x, y;     x=1.2;     y=(x+3.8)/5.0;
   printf("%d \n", d*y );
}
```

A. 0　　B. 3.2　　C. 3　　D. 3.07

19. 下列各式中，合法的变量定义形式是(　　)。

A. short　_a= .1e-1;　　B. double　b=1+5e2.5 ;

C. long　do=0xfdaL;　　D. float　2_and=1– e–3;

20. 设“int　x=1, y=1 ;”，表达式(--x || y--)值是(　　)。

A. 0　　B. 1　　C. 2　　D. - 1

21. 下列程序执行后的输出结果是(　　)。

```
main( )
{ int   x='f' ; printf(" %c \n", 'A'+(x–'a'+1 )); }
```

A. G　　B. H　　C. I　　D. J

22. 下列程序执行后的输出结果是(　　)。

```
main( )
{   int   x=-1 ;   printf("%d，%o，%x \n", x, x, x); }
```

A. -1，-1，-1　　B. -1，65535，ffff

C. -1，177777，ffff　　D. -32768，-1，65535

23. 设有如下定义。

```
int   i=8 , k , a , b ;
unsigned   long   w=5;
double   x=1.42 ,   y=5.2 ;
```

则以下符合 C 语言语法的是(　　)表达式。

A. a + = a - =(b = 4)*(a = 3)　　B. x%(-3)

C. a = a * 3 = 2　　D. y = float(i)

24. 以下程序段的输出结果是(　　)。

```
int a=2,b=5;
printf("a=%%d, b=%%d\n", a,b);
printf("a=%d, b=%d\n", a,b);
```

A. a=%2,b=%5
a=2,b=5　　B. a=2,b=5
a=2,b=5　　C. a=%%d,b=%%d
a=2,b=5　　D. a=%d,b=%d
a=2,b=5

25. 执行“printf("\\\'%d\141\40\142%c\"\x31\40\x32\x33",3+4,'e');”，输出为(　　)。

A. \\\'7A Be\"1 23　　B. \\'7a be\"1 23

C. \'7A Be\"1 23　　D. \'7a be"1 23

26. 以下程序的输出结果是(　　)。

```
main()
{ int a=3;      printf("%d\n",a+(a-=a*a) );   }
```

A. - 6　　B. 12　　C. 0　　D. - 12

27. 运行以下程序时，从键盘输入 567，输出是(　　)。

```
int main()
```

```
{   int a,b,c,d,e;      scanf("%d",&a);
    b=a/100;    c=(a-b*100)/10;    d=(a%100)%10;    e=d*100+c*10+b;
    printf("%d\n",e);
}
```

A. 567　　B. 756　　C. 576　　D. 765

28. 若以下所有变量已正确定义并赋值，下面符合C语言语法表达式的是(　　)。

A. a:=b+1　　B. a=b=c+2　　C. int a=18.5%3　　D. a=a+7=c+b

29. 若已定义x和y为double类型，则表达式(x=1，y=x+3/2)的值是(　　)。

A. 1　　B. 2　　C. 2.0　　D. 2.5

30. 运行如下程序的输出结果是(　　)。

```
main( )
{ int y=3,x=3,z=1;   printf("%d %d\n",(++x,y++),z+2);    }
```

A. 3 4　　B. 4 2　　C. 4 3　　D. 3 3

2.4.2 填空题

1. C语言规定，标识符只能由_______、_______和_______这3种字符组成，而且，第一个字符必须是_______或_______。

2. 一个C程序一般由若干函数组成，程序中有且只有一个_______。

3. 一个C函数是由_______和_______这两部分组成的。

4. 一个C程序总是从_______函数开始执行的。

5. C语言的基本数据类型有_______、_______和实型，其中实型又分为_______和_______。

6. 在内存中占据16位的无符号整型变量的取值范围是_______到_______。

7. 在C语言中，八进制整型常量以_______开头，十六进制整型常量以_______开头。

8. 十进制short int型数–1转换为十六进制short int型数为_______。

9. 在C程序中，%运算符可用作_______运算，而_______运算可用++作为运算符，sizeof(float)是求_______。

10. 将运算符“/、+、++、,、%”按优先级从高到低的顺序排列是_______。

11. 'x'在内存中占___字节，"x"在内存中占___字节，"\101"在内存中占___字节。

12. 若x为整型变量，执行语句“x='b' – 'A '；”后，x的值为_______。

13. 单精度实型变量x，执行语句“x=8.4+13.1*2–'a'%7;”后，x的值为_______。

14. 整型变量a、b、c、i、j，执行表达式语句“i=3; a=i++; b=i++; c=i++; j=a+b+c；”后，变量i的值为_______，变量j的值为_______。

15. 整型变量a、b、c、d的初值都是3，计算表达式d=(++a,a++ ,b=a--,c=(++b)+(--c))后，a、b、c的值分别为_______、_______、_______，d的值为_______。

16. 已知有a、b两个数，执行“x=b; b=a; a=x;”操作后，执行的效果是_______。

17. 将下列数学式改写成C语言的表达式。

(1) ax^3+bx^2+cx+d 可以写成____________________。

(2) $\sqrt{\dfrac{a^2+b^2}{a*b}}$ 可以写成____________________。

18. 执行如下程序：

```
main( )
{ int x=0, y=0, z=0;
   x=(y=y+1)+(z=z+1);          printf("%d,%d,%d*",x,y,z);
   x=(++y, ++z);               printf("%d,%d,%d*",x,y,z);
   x+=(y=y-1)*(z-=1);          printf("%d,%d,%d*",x,y,z);
  }
```

程序输出结果为____________________。

19. 整型变量 a=5，b=7，则表达式 b/a * 100 的值是____________。

20. 以下程序段运行的结果是___________。

```
int     a=5, b=3;
printf(" a+b=%d , ", a+=b+=a+b);   /*执行本语句后，b 变为 11，a 变为 16 */
printf(" a–b=%d \n", a-=b-=a-b);
```

2.4.3　阅读程序写结果题

1.
```
#include"stdio.h"
main()
{int a,b,d=241;   a=d/100%9;    b=(-3)%(-2);   printf("%d,%d",a,b);   }
```

2.
```
#include"stdio.h"
main()
{ int i,j,x,y;   i=5; j=7;   x=++i;   y=j++;
  printf("%d,%d,%d,%d",i,j,x,y);   }
```

3.
```
#include"stdio.h"
main()
{float f=13.8;   int n;   n=((int) f)%3;   printf("n=%d",n); }
```

4.
```
#include "stdio.h"
main()
{int n=2;   n+=n-=n*n;   printf("n=%d",n); }
```

5.
```
#include"stdio.h"
main()
    {int a,b,x;    x=(a=3,b=a--); printf("x=%d, a=%d, b=%d",x,a,b); }
```

6.
```
#include"stdio.h"
main()
{float f1,f2,f3,f4;   int m1,m2;   f1=f2=f3=f4=2;   m1=m2=1;
  printf("%d,%d\n",m1+=f1*f2/(f3*f4),m2+=f1*f2/f3*f4);
}
```

7.
```
#include"stdio.h"
main()
{int x=5,y=2; printf("1:%d; ",y=x/2); printf("2:%d;", y=x%2);
 printf("3:%d;", y=(float)(x/2));    printf("4:%d", y=(float)x/2);
}
```

8.
```
#include"stdio.h"
main()
{unsigned short b=65535;    printf("%d，%u",b，b); }
```

9.
```
#include"stdio.h"
main()
{ int a,b,c ,x=10,y=9;
 a=(--x / y++); b=++y;    c=b+(--x)%(y++);
 printf("a=%d , b=%d , c=%d\n" , a , b, c);
}
```

10.
```
#include"stdio.h"
main()
  { int x=0,y=0,z=0;
   x=++y+(++z);   printf("%d,%d,%d*",x,y,z);
   x=(y++)+z++;       printf("%d,%d,%d*",x,y,z);
   x=(--y)+(z--);     printf("%d,%d,%d*",x,y,z);
  }
```

11.
```
# include"stdio.h"
main()
{short   i=-1;   printf("%d,%o,%x,%u\n",i,i,i,i); }
```

12.
```
# include"stdio.h"
main()
{short   i=1;   printf("%d,%o,%x,%u\n",i,i,i,i); }
```

13.
```
# include"stdio.h"
main()
{ char c='A';   printf("%d,%o,%x,%c\n",c,c,c,c); }
```

14.
```
# include"stdio.h"
main()
{float f=3.1415927;   printf("%f,%5.4f,%3.3f\n",f,f,f); }
```

15.
```
# include"stdio.h"
main()
{float f=3.5;   printf("%f,%g\n",f,f); }
```

2.4.4　编写程序题

1. 利用变量 k，将两个变量 m 和 n 的值进行交换。
2. 输入一个三位数 n，将其各位数码逆序输出(如输入 672，输出 276)。
3. 输入一个整数 n，输出 n 除以 3 的余数。
4. 输入一个英文字符，分别输出它的十进制、八进制、十六进制的 ASCII 码值。
5. 输入两个实数，计算这两个实数的平均值，分别输出保留 2 位或 4 位小数的平均值。
6. 输入一个三位整数 n，求 n 的三位数码之和。
7. 编写一个程序，要求不使用中间变量，实现两个变量 a、b 值的交换。

2.5　习题参考答案

2.5.1　单项选择题答案

1. A　2. B　3. A　4. A　5. B　6. B　7. A　8. C　9. B　10. B
11. A　12. B　13. A　14. B　15. C　16. A　17. B　18. C　19. A　20. B
21. A　22. C　23. A　24. D　25. D　26. D　27. D　28. B　29. C　30. D

2.5.2　填空题答案

1. 字母　数字　下画线　字母　下画线　2. main 函数
3. 函数首部　函数体　4. main
5. 整型　字符型　单精度实型 float　双精度实型 double
6. 0　2^{16}-1　7. 0　0x　8. 0xFFFF
9. 求余数　自增　单精度实型所占的字节数　10. ++、/、% 、+ 、,
11. 1　2　2　12. 33　13. 28.6　14. 6　12
15. 4　6　8　8　16. 交换 a,b 的值
17. (1) a*x*x*x+b*x*x+c*x+d　(2) sqrt((a*a+b*b)/(a*b))
18. 2,1,1*2,2,2*3,1,1*　19. 100　20. a+b=16 , a-b=4

2.5.3　阅读程序写结果题答案

1. 2, －1　2. 6,8,6,7　3. n=1
4. n=－4　5. x=3,a=2,b=3　6. 2,5
7. 1:2;2:1;3:2;4:2　8. －1,65535　9. a=1,b=11,c=19
10. 2,1,1*2,2,2*3,1,1*　11. －1,177777,ffff,65535　12. 1,1,1,1
13. 65,101,41,A　14. 3.141593,3.1416,3.142　15. 3.500000,3.5

2.5.4　编写程序题参考答案

1.
```
main()
{ int m,n,k;   scanf("%d,%d",&m,&n);          /*如果输入 3，5*/
```

```
  k=m;   m=n;   n=k;   printf("%d,%d",m,n);   /*那么输出 5，3*/
}
```

2. main()

```
{ int n, a,b,c;
 printf("输入一个三位数："); scanf("%d",&n);
 a=n/100;   b=n/10%10;   c=n%10;   printf("%d%d%d",c,b,a);
 }
```

3. main()

```
{ int n;   scanf("%d",&n); printf("%d",n%3); }
```

4. main()

```
{ char a;   scanf("%c",&a);   printf("%d,%o,%x\n",a,a,a); }
```

5. main()

```
{ float a,b,c;    scanf("%f,%f",&a,&b);
   c=(a+b)/2;   printf("%9.2f,%9.4f\n",c,c);
}
```

6. main()

```
{int n, p,s=0;    scanf("%d",&n); /*若 n 为 123*/
 p=n%10; s=s+p; n=n/10;        /*n 变为 12*/
 p=n%10; s=s+p; n=n/10;        /*n 变为 1*/
 p=n%10; s=s+p;
 printf("%d",s);
 }
```

7. main()

```
{int a=3,b=5;     printf("%d ， %d",a,b);  /*输出 3，5*/
 a=a+b;   b=a-b;   a=a-b;
 printf("%d ， %d", a,b);    /*输出 5，3*/
}
```

第3章 程序设计初步

3.1 本章要点

3.1.1 格式输入函数 scanf()

scanf()函数的作用是以指定的格式从标准输入设备(如键盘)读取输入的信息。scanf()函数的调用格式如下：

```
scanf("格式控制",地址列表);
```

函数调用格式说明如下。

1. 格式控制

“格式控制”是用双引号引起来的字符串，也称为“转换控制字符串”，由格式说明符和普通字符组成。格式说明符由%和格式字符组成，如%d、%c 等，作用是以指定的格式输入数据。对于普通字符，在输入数据时，要在对应位置输入与它们相同的字符。

2. 地址列表

“地址列表”是需要读入的所有变量的地址，也可以是字符串或数组的首地址，但不是变量本身。这与 printf()函数不同，要特别注意。各个变量的地址之间用逗号“,”分开。

注意：

(1) 用 scanf()函数输入数据时，每个输入项必须是变量，而不能是表达式，scanf()函数没有计算功能。如“scanf("%4d",&(x+3));”是错误的，输入项不允许为表达式 x+3。

(2) 如果实际输入数据的宽度大于格式说明中规定的数据宽度，则系统自动从左到右按规定的数据宽度截取数据，多余的数据将被丢掉。

(3) 若在%后面加一个*修饰符，则表示要跳过此项。

(4) 在格式控制串中，如果格式说明的类型与输入项的类型不匹配，系统不会给出错误信息，但可能得不到正确结果。

(5) 当调用 scanf()函数从键盘上输入数据时，最后一定要按 Enter 键，否则，scanf()函数接收不到数据。

3.1.2 格式输出函数 printf()

printf()函数用于向标准输出设备按规定格式输出信息。printf()函数的调用格式如下：

```
printf("格式控制",输出项列表);
```

函数调用格式说明如下。

1. 格式控制

“格式控制”必须用双引号引起来，其中的内容可以包括格式说明符、普通字符和转义字符。

格式说明符由%和格式字符组成，如%d、%c 等，作用是以指定的格式输出数据；普通字符的作用是提高输出结果的可读性；转义字符是以\开头的字符序列，功能一般是为了在输出时产生一个“特殊”操作，如“\n”是为了回车换行。

2. 输出项列表

“输出项列表”列出所要输出的数据，可以是单变量、字符串、表达式等。其个数必须与格式控制字符串所说明的输出参数的个数相同，各参数之间用逗号“,”分开, 且顺序一一对应，否则将会出现意想不到的错误。

注意：

(1) 在格式控制串字符中，格式说明符必须与输出项从左到右在个数和类型上相匹配，不然将导致数据不能正确输出，这时系统并不报错。

(2) printf()函数的返回值通常是本次调用中输出字符的个数。

3.1.3 单字符输入函数 getchar()

单字符输入函数 getchar()的作用是输入一个字符。该函数的调用格式为：

```
getchar()
```

注意：

(1) getchar()函数没有参数，且每次只能接收一个字符。

(2) getchar()函数的返回值是输入的字符，若输入的是数字，也视为字符，按字符处理。

(3) getchar()函数的返回值也可以作为表达式的一部分。

示例代码如下：

```
printf("\n%c\n",getchar());
```

3.1.4 单字符输出函数 putchar()

单字符输出函数 putchar()的作用是输出一个字符。该函数调用格式为：

```
putchar(字符)
```

注意：

(1) putchar()函数的作用等同于 printf("%c", 字符)。

(2) putchar()函数括号内可以是单个字符或表达式，putchar()函数具有计算功能。

(3) 在使用 getchar()和 putchar()函数时，要用#include 命令将 stdio.h 文件包含到用户源文件中。

3.1.5 赋值语句

赋值语句由赋值表达式及其尾部的一个分号构成。其一般格式为“变量=表达式;”。

注意：

(1) 在 C 语言中，赋值语句中的赋值符号=是运算符。赋值符号左边必须是变量名，右边可以是常量、变量或表达式。

(2) 赋值语句具有计算功能。赋值语句的执行过程是：先计算右边表达式的值，再把结果赋给左边的变量。

3.1.6 复合语句和空语句

1. 复合语句

复合语句是为实现某个特定功能，用一对大括号{}括起来的一组语句。一般形式如下。

```
{
   说明部分      /*指常量和变量的定义，被调用函数的说明等，有时被省略。*/
   执行部分      /*指为实现某项功能所执行的操作，即语句序列。*/
 }
```

注意：

(1) 复合语句中最后一条语句的分号不能省略，否则系统将报错。

(2) 虽然 C 语言允许一行写几条语句，也允许一条语句拆开写在几行上，但是为了易读性，一般一行只写一条语句。

(3) 复合语句中的大括号必须成对出现。

2. 空语句

C 语言中的所有语句必须由一个分号“；”作为结束标志。只有一个分号也是 C 语言语句，称为空语句。程序执行空语句时不产生任何动作，有时用它来实现延时等功能。

3.1.7 顺序结构

顺序结构是结构化程序设计中的 3 种基本结构之一，是最简单、最常见的一种程序结构。在顺序结构中，程序的执行是按语句出现的先后顺序进行的，并且每条语句都能执行。

顺序结构程序通常由3部分组成：数据的输入、数据的处理、数据的输出。

3.2 本章难点

3.2.1 printf()函数中的格式字符、附加格式符和转义字符

(1) 输出不同类型的数据时，应该用不同的格式字符。

%d或%i，输出十进制有符号整数；%u，输出十进制无符号整数；%o，输出无符号八进制整数；%x或%X，输出无符号十六进制整数；%f，输出小数形式的实型数；%e或%E，输出指数形式的实型数；%g或%G，自动选择合适的表示法输出实型数；%c，输出单个字符；%s，输出字符串；%p，以十六进制形式输出指针变量的值(地址值)。

(2) 附加格式符。

① 可以在%和字母之间插入数字表示最大场宽。

例如，%3d，表示输出3位整型数，数码不够3位时左边补空格(数字靠右对齐)。

例如，%9.2f，表示输出场宽为9的实型数，其中小数位为2，整数位为6，小数点占1位，不够9位时左边补空格(数字靠右对齐)。

例如，%8s，表示输出场宽为8的字符串，字符个数不够8时左边补空格(字符靠右对齐)。

如果字符串的长度或整型数位数超过指定的场宽，将按其实际长度输出。但对于实型数，若整数部分位数超过了指定的整数位宽度，将按实际整数位输出；若小数部分位数超过了指定的小数位宽度，则按指定的宽度以四舍五入的方式输出。

另外，要想在输出值前加一些0，就应在场宽项前加个0。如%04d，表示在输出一个小于4位的数值时，将在前面补若干个0使其总宽度为4位。

② 可以在"%"和字母之间加小写字母l，表示输出的是long型或double型数。

例如，%ld，表示输出long型整数。

例如，%lf，表示输出double型浮点数。

③ 可以控制输出靠左对齐或靠右对齐。如果在%和字母之间加入一个-号，输出为靠左对齐，否则为靠右对齐。

例如，%-7d，表示输出整数占7位宽度，数字靠左对齐。

例如，%-10s，表示输出字符串占10位宽度，字符靠左对齐。

(3) 转义字符是以一个\开头的字符序列，在程序中可以灵活应用。

3.2.2 scanf()函数中的格式字符和附加格式符

scanf()函数中的格式控制串必须以%开始，以一个格式字符结束，并且要用双引号引起来。需要注意各种常用的格式字符之间的区别。

scanf()函数还可以在%与格式字符之间插入修饰符，即附加格式说明符，其中包括l、h、域宽m和*。例如，%ld用来输入长整型，%hd用来输入短整型，%5d指定输入域宽为5，%*3d表示跳过3位整数。

注意：

在scanf()函数第一个参数(双引号内的格式控制)内的普通字符，在从键盘输入时要原样输

入。例如，执行“scanf("a=%d",&a);”时，普通字符 a=要原样输入，如果准备给 a 赋值为 6，则要从键盘输入 a=6。

3.3 例题分析

例 3.1　下面程序的输出结果是(　　)。

```
#include <stdio.h>
main()
{int i=010,j=10;    printf("%d,%d\n",++i,j--); }
```

A. 11,10　　B. 9,10　　C. 010,9　　D. 10,9

解：程序中变量 i=010 是八进制数的表示形式，即八进制的 10，转换为十进制数为 8，变量 i 先自增 1 为 9，然后输出 i 的值；而 j 是先输出其值 10，再自减 1。故 B 为正确答案。

例 3.2　下面程序的输出结果是(　　)。

```
#include<stdio.h>
main()
{int a=2,c=5; printf("a=%%d,b=%%d\n",a,c); }
```

A. a=%2,b=%5　B. a=2,b=5　C. a=%%2,b=%%5　D. a=%d,b=%d

解：在 printf 语句中，C 语言规定，如果格式说明中包含%%字符，则%%不作为格式符使用，而是处理成一个字符%，即输出一个%。另外，在 printf 语句中，当格式符的个数少于输出项时，多余的输出项不输出。故正确答案为 D。

例 3.3　如果有以下定义和语句，则输出结果是(　　)。

```
char c1='b',c2='e';
printf("%d,%c\n",c2-c1,c2-'a'+'A');
```

A. 2,M　　B. 3,E　　C. 2,e　　D. 输出结果不确定

解：C 语言中，字符是通过其 ASCII 码存储的。因为 c2–c1 为 3；而表达式 c2–'a'+'A'=c2–('a'–'A')=c2–32，是将小写字母转换为大写字母。故正确答案为 B。

例 3.4　若想通过下面的输入语句为整型变量 a 赋值 1，为整型变量 b 赋值 2，则输入数据的形式应该为_____。

```
scanf("a=%d,b=%d",&a,&b);
```

解：在 scanf()函数中，对于除格式控制字符外的其他普通字符，应该原样输入。在本题中“a=”“，”和“b=”均为普通字符，在从键盘输入数据时应原样输入。故答案为“a=1,b=2”。

例 3.5　已知梯形的上底、下底和高，编写程序计算其面积。

解：设 x 表示梯形的上底，y 表示梯形的下底，z 表示梯形的高，area 表示梯形的面积，则梯形的面积 area=(x+y)*z/2。程序代码如下。

```
main()
{ float x,y,z,area;
printf("\nPlease input x,y,z: ");
```

```
scanf("%f,%f,%f", &x,&y,&z);          /*输入梯形的上底、下底和高*/
area=(x+y)*z/2;                       /*计算梯形的面积*/
printf("\narea is :%f",area);         /*输出梯形的面积*/
  }
```

3.4 习 题

3.4.1 单项选择题

1. 程序段“int a=1234; printf("%2d\n",a);”的输出结果是(   )。

   A. 12   B. 34   C. 1234   D. 提示出错、无结果

2. 设 x、y 均为整型变量，且 x=10，y=3，则语句“printf("%d,%d\n",x--,--y);”的输出结果是(   )。

   A. 10，3   B. 9，3   C. 9，2   D. 10，2

3. x、y、z 被定义为 int 型变量，若从键盘给它们输入数据，正确的输入语句是(   )。

   A. INPUT x、y、z;   B. scanf("%d%d%d",&x,&y,&z);

   C. scanf("%d%d%d",x,y,z);   D. read("%d%d%d",&x,&y,&z);

4. 下列程序执行后的输出结果是(   )。

```
main()
{ double d;   float f;   long j;   int i;
  i=f=j=d=20/3;   printf("%d%ld%f%f\n",i,j,f,d);
}
```

   A. 666.0000006.000000   B. 666.7000006.700000

   C. 666.0000006.700000   D. 666.7000006.000000

5. 以下合法的赋值语句是(   )。

   A. x=y=100   B. d--;   C. x+y;   D. c=int(a+b);

6. 若变量 a、i 已正确定义，且 i 已正确赋值，则合法的语句是(   )。

   A. a= =1   B. ++i;   C. a=a++=5;   D. a=int(i);

7. 下列选项中，不正确的赋值语句是(   )。

   A. ++t;   B. n1=(n2=(n3=0));   C.k=i=j;   D. a=b+c=1;

8. 以下程序的输出结果是(   )。

```
#include<stdio.h>
main()
{ int i=023,j=23;   printf("%d,%d\n",++i,j--);   }
```

   A. 23，23   B. 20，23   C. 023，22   D. 19，22

9. 以下程序的输出结果是(   )。

```
#include <stdio.h>
main()
{ printf("%d\n",NULL); }
```

   A. 不确定   B. 0   C. -1   D. 1

10. 以下语句的输出结果是(　　)。

```
printf("%s\n", "\'\101\x42\\")
```

A. 'AB\　　B. \'ab　　C. \'\101\x42\\　　D. 'ab\

11. 以下语句的输出结果是(　　)。

```
int a=65536; float b=65.43; char c;
c=a=b;   printf("%d, %f, %c\n", a, b, c);
```

A. 65, 65, 65　　B. 65, 65.430000, A

C. 65, 65.430000, 65　　D. 65, 65.43, A

12. 已知字符 A 的 ASCII 码值为十进制的 65，下面程序的输出结果是(　　)。

```
main()
{ char ch1,ch2;   ch1='A'+'5'-'3';   ch2='A'+'6'-'3';
    printf("%d,%c\n",ch1,ch2);
}
```

A. 67，D　　B. B，C　　C. C，D　　D. 不确定的值

13. 执行语句“printf ("a\bre\'hi\'y\\\bou\n");”后，屏幕将显示(　　)。

A. a\bre\\'hi\'y\\\bou　　B. a\bre\'hi\'y\bou

C. re'hi'you　　D. abre'hi'y\bou

14. 以下程序的输出结果是(　　)。

```
main()
{ int   x=17;   printf("%d, %o, %x",x ,x, x);   }
```

A. 17，021，0x11　　B. 17，17，17

C. 17，0x11，021　　D. 17，21，11

15. 下列叙述正确的是(　　)。

A. 输入项可以是一个实型常量，如 scanf ("%f", 3.5);

B. 只有格式控制，没有输入项，也能正确输入数据到内存，例如：scanf("a = %d, b= %d");

C. 当输入一个实型数据时，格式控制部分可以规定小数点后的位数，例如：scanf ("%4.2f",&f);

D. 当输入数据时，必须指明变量地址，例如：scanf("%f" , &f) ;

16. 如下程序的输出结果是(　　)。

```
main( )
{ double x=2.71828;   printf("%d",x); }
```

A. 2　　B. 2.71828　　C. 3　　D. 输出结果不正确

17. 如下程序的输出结果是(　　)。

```
main( )
{ int u=010,v=0x10,w=10; printf("%d,%d,%d\n",u,v,w); }
```

A. 8，16，10　　B. 10，10，10　　C. 8，8，10　　D. 8，10，10

18. 下面程序的输出结果是(　　)。

```
main()
{ int k=11;   printf("k=%d,k=%o,k=%x\n",k,k,k); }
```

A. k=11，k=12，k=13　　B. k=11，k=13，k=13
C. k=11，k=013，k=oXb　　D. k=11，k=13，k=b

19. 执行以下程序段，给 x、y 赋值时，不能作为数据分隔符的是(　　)。

```
int x, y;    scanf("%d%d",&x,&y);
```

A. 空格　　B. Tab 键　　C. Enter 键　　D. 逗号

20. 已知“int x=1,y=－1;”，则语句“printf("%d\n",(x--*++y));”的输出结果是(　　)。
A. 1　　B. 0　　C. －1　　D. 2

3.4.2 填空题

1. 语句“printf("%-8.4s, %5.3f, %4d", "MAYAPP",35.1753, 12346);”的输出结果为________。

2. 若 x 为单精度型变量，y 为字符型变量，z 为整型变量，执行输入语句“scanf("%f%c%d", &x,&y, &z);”后，从键盘输入 12.77A79A86，此时，变量 x、y、z 的值分别为________、________、________。

3. 下面程序的运行结果是____________。

```
main( )
{ int x=0, y=0, z=0;
   x=++y+(++z)      printf("%d,%d,%d     ", x,y,z);
   x+=(y ++,z++);    printf("%d,%d,%d     ", x,y,z);
   z=(++x)*(--y);    printf("%d,%d,%d\n", x,y,z);
 }
```

4. 下列语句的输出结果是____________。

```
char a=31;printf("%d,%o,%x,%u\n",a,a,a,a);
```

5. 若有下列定义：

```
int i=8,j=9; float x=123.456;
```

以下各组语句的输出结果分别是__(1)__、__(2)__、__(3)__、__(4)__、__(5)__。
(1) printf("i=%u,j=%x\n",i,j);
(2) printf("i=%o,j=%o\n",i,j);
(3) printf("i=%d,j=%d\n",i,j);
(4) printf("i=%08dd,j=%-8d\n",i,j);
(5) printf("x=%10.2f,x=%10.2e\n",x,x);

6. 假设所有变量均为整型，则以下两组语句的输出结果分别是______、______。
(1) a=(a=3+5,a*4);   printf("%d\n",a);
(2) x=11/3;   printf("%d\n",x);

7. 以下程序借助变量 t，把 a、b 的值进行交换，请填空。

```
 #include<stdio.h>
 main()
{int a, b, t;   printf("Please input a,b:");
 scanf("%d%d",___(1)___);
 t=a;        ___(2)___;       b=t;
 printf("a=%d;b=%d\n",a,b);
}
```

8. 以下程序输入 3 个整数值给 a、b、c，程序借助中间变量 t，把 b 中的值给 a，把 c 中的值给 b，把 a 中的值给 c，交换后输出 a、b、c 的值。例如，读入 a、b、c 后，a=10，b=20，c=30；交换后，a=20，b=30，c=10，请填空。

```
#include   <stdio.h>
main()
{int a,b,c,___(1)___;
  printf("Enter a,b,c:"); scanf("%d%d%d",___(2)___);
  ___(3)___;   a=b;   b=c;   ___(4)___;
  printf("a=%d;b=%d;c=%d\n",a,b,c);
}
```

9. 如下语句的输出结果为______________。

```
short k=-1;   printf("k1=%d, k2=%u" ,   k, k);
```

10. 如下语句的输出结果为________________。

```
float x;   double y;   x=1234.5678;   y=1234.5678;
printf("x=%5.3f, y= %7.5e",x, y);
```

11. 如下语句的输出结果为________________。

```
char s;   long int k;   s='A';   k=111;
printf("%d,%x,%08ld",s,s,k);
```

12. 如下语句的输出结果为__________ 。

```
int a=1 ,b=2 ;    printf ("%f", a/b);
```

13. 若想通过下面的输入语句使 a=5.0 , b=4 , c=3，则输入数据的形式是______。

```
int b , c ;   float a ;   scanf("%f , %d , c=%d", &a , &b ,&c);
```

3.4.3 阅读程序写结果题

1.
```
main()
 {printf("This \tis\ta\tC\tprogram.\n"); }
```

2.
```
main()
{char x='a',y='b';       printf("%d\\%c\n",x,y);
printf("x=\'%3x\',\'%-3x\'\n",x,x);
}
```

3. main()
```
{int k=65; printf("k=%d,k=%0x,k=%c\n",k,k,k);}
```

4. #include<stdio.h>
```
main()
{int a=3,b=4,c=12; printf("%d× %d=%d",a,b,c);}
```

5. main()
```
{short integer1,integer2;    float sum1,sum2,sum;    char c;
 integer1=65;    integer2=-3;
 sum1=234.5;    sum2=18.75;    sum=sum1+sum2;
 c='A';
 printf("%d %c %d %o %f %c %d ", integer1,integer1,integer2,integer2,sum,c,c);
 printf("%s", "good!");
}
```

6. main()
```
{char c1='a',c2='b',c3='c',c4='\101',c5='\116';
   printf("a%c b%c\t%c\t abc\n",c1,c2,c3);
   printf("\t\b%c %c\n",c4,c5);
}
```

3.4.4 编写程序题

1. 用scanf()函数输入圆柱的半径和高，计算圆周长、圆面积、具有该半径的圆球表面积和圆球体积、圆柱体积，输出计算结果，输出时要有文字说明，取小数点后两位数字。

2. 输入一个华氏温度值f，要求按照公式c=(5/9)(f−32)计算并输出摄氏温度值c。输出时要有文字说明，取两位小数。

3. 用getchar()函数读入两个小写英文字母并赋给变量c1、c2，然后分别用putchar()函数和printf()函数输出这两个小写英文字母及其对应的大写英文字母。

4. 输入整型变量m、n的值，计算m除以n的商和余数，然后输出商和余数。

5. 从键盘上输入长方体的长、宽、高，输出长方体的体积与表面积的比值。

6. 试用计算机绘制一个由星号*组成的如下图案。

```
   *
  ***
 *****
*******
```

7. 编写一个程序，要求用户输入两个值，读取用户输入的值，然后打印出这两个数的和、积、差、商、第一个数除以第二个数的余数。

8. 已知三角形的三个顶点坐标为(1.5，2)、(3，1)、(2.1，4)，求该三角形的重心坐标和各边长度。

提示：已知三角形的三个顶点，则该三角形的重心G点的坐标为 $x_G=(x_1+x_2+x_3)/3$，$y_G=(y_1+y_2+y_3)/3$。点 (x_1,y_1) 与 (x_2,y_2) 的距离即为三角形的一个边长，计算这个边长的公式为：$sqrt((x_1-x_2)*(x_1-x_2)+(y_1-y_2)*(y_1-y_2))$，计算其他边长的公式与此相似。

本题要用到求平方根函数sqrt()，因此，一定要包含数学库头文件math.h。

9. 鸡兔同笼问题：已知笼中有头 h 个，有腿 f 条，问：笼中鸡兔各有多少只？试编程求解。

10. 编写一个程序，根据本金 a，存款年数 n 和年利率 p 计算到期利息。计算公式如下。

(1) 到期利息公式：$a\times(1+p)^n-a$。

(2) a^b的计算公式：$\exp(b\times\ln(a))$。

11. 已知平面上两点的坐标分别是(4，6)和(8，−6)，编程求它们中点的坐标。

12. 已知函数 y=3x−2，编程计算 x 分别取−2.5、0.3、3.6 时的 y 值。

13. 已知函数 z=2x+3y−4xy，根据输入的 x 和 y 值，编程计算 z 值。

3.5 习题参考答案

3.5.1 单项选择题答案

1. C　2. D　3. B　4. A　5. B　6. B　7. D　8. B　9. B　10. A
11. B　12. A　13. C　14. D　15. D　16. D　17. A　18. D　19. D　20. B

3.5.2 填空题答案

1. MAYA,35.175,12346　　2. 12.77　A　79

3. 2,1,1　3,2,2　4,1,4　　4. 31,37,1f,31

5. (1) i=8,j=9　(2) i=10,j=11　(3) i=8,j=9　(4) i=00000008d,j=9
(5) x=　123.46,x=　1.2e+02

6. 32　3　　7. (1) &a,&b　(2) a=b

8. (1) t　(2) &a,&b,&c　(3) t=a　(4) c=t

9. k1=－1, k2=65535　　10. x=1234.568, y=1.2346e+03

11. 65,41,00000111　　12. 0.000000

13. 5，4，c=3

3.5.3 阅读程序写结果题答案

1. This　is　a　C　program.

2. 97\b
x='61', ' 61'

3. k=65,k=41,k=A　　4. 3×4=12

5. 65 A　－3 177775 253.250000 A 65 good!

6. aa bb　c　abc
A N

3.5.4 编写程序题参考答案

1. main()
```
{float pi,h,r,l,s,sq,sq,sz;    pi=3.1415926;
```

```
    printf("请输入圆半径 r, 圆柱高 h:\n"); scanf("%f,%f',&r,&h);
    l=2*pi*r;    s=r*r*pi;    sq=4*pi*r*r;
    sq=4.0/3.0*pi*r*r*r;    sz=pi*r*r*h;
    printf("圆周长为:       l=%6.2f\n",l);
    printf("圆面积为:       s=%6.2f\n",s);
    printf("圆球表面积为:    sq=%6.2f\n",sq);
    printf("圆球体积为:      sq=%6.2f\n",sq);
    printf("圆柱体积为:      sz=%6.2f\n",sz);
  }
```

2.
```
main()
 {float c,f;
  printf("请输入一个华氏温度：\n");    scanf("%f",&f);
  c=(5.0/9.0*(f-32);    printf("摄氏温度为: %5.2f\n",c);
 }
```

3.
```
#include<stdio.h>
 main()
  {char c1,c2;
   printf("请输入两个字符：\n");   c1=getchar();   c2=getchar();
   printf("用 putchar 语句输出结果为: \n");
   putchar(c1); putchar(c1-32);      putchar(c2); putchar(c2-32);
   printf("\n");
   printf("用 printf 语句输出结果为: \n");
   printf("%c， %c\n",c1,c2); printf("%c， %c\n",c1-32,c2-32);
   }
```

4.
```
#include <stdio.h>
 main()
 { int   m,n,s,y;
   printf("m="); scanf("%d",&m);
   printf("n="); scanf("%d",&n);
   s=m/n; y=m%n;
   printf("%d 除以%d 的商是%d,余数是%d. ",m,n,s,y);
 }
```

5.
```
#include<stdio.h>
  main()
 { float a,b,c,s,v;
  printf("请输入长方体的长、宽、高 a,b,c=");
  scanf("%f，%f，%f",&a,&b,&c);
  printf("长方体的长、宽、高为: %f,%f,%f\n",a,b,c);
  s=2*(a*b+a*c+b*c);    v=a*b*c;
  printf("体积与表面积之比=%f\n",v/s);
 }
```

6.
```
#include <stdio.h>
  main()
 { printf("          *");
  printf("         ***");
  printf("        *****");
```

```
  printf("          *******");
}
```

7.
```
#include<stdio.h>
main()
{int num1,num2;
 printf("请输入两个数:");   scanf("%d,%d",&num1,&num2);
 printf("两数之和=%d\n",num1+num2);
 printf("两数之积=%d\n",num1*num2);
 printf("两数之差=%d\n",num1-num2);
 printf("两数之商=%d\n",num1/num2);
 printf("第一个数除以第二个数的余数=%d\n",num1%num2);
}
```

8.
```
#include<stdio.h>
#include<math.h>
main()
{float x1=1.5,y1=2.0,x2=3.0,y2=1.0,x3=2.1,y3=4.0,x,y,l1,l2,l3;
x=(x1+x2+x3)/3; y=(y1+y2+y3)/3;
l1=sqrt((x2-x1)*(x2-x1)+(y2-y1)*(y2-y1));
l2=sqrt((x3-x1)*(x3-x1)+(y3-y1)*(y3-y1));
l3=sqrt((x2-x3)*(x2-x3)+(y2-y3)*(y2-y3));
printf("重心坐标为：(%f,%f)\n",x,y);
printf("各边长度分别为：l1=%f\n l2=%f\n l3=%f\n",l1,l2,l3);
}
```

9. 分析：根据题意，先将方程组列出。根据方程组的求解过程，编写 C 语言程序。

设有 chick 只鸡，rabbit 只兔，则有 2*chick+4*rabbit=f，chick+rabbit=h。

解出：rabbit=(f –2*h)/2，chick=(4*h–f)/2。

```
#include<stdio.h>
main()
{int chick,rabbit,h,f;
  printf("Pleas input h,f");      scanf("%d,%d",&h,&f);
  rabbit=(f-2*h)/2;         chick=(4*h-f)/2;
  printf("chick=%d rabbit=%d \n",chick,rabbit);
 }
```

10.
```
#include<stdio.h>
#include"math.h"
main()
{ int n;
 float a,p,acc;        printf("a,n,p=");
 scanf("%f,%d,%f",&a,&n,&p);
 acc=a*exp(n*log(1.0+p))-a;
 printf("Accrual=%-10.2f\n",acc);
}
```

11. 分析：设两个已知点的坐标分别为(x_1,y_1)和(x_2,y_2)，中点坐标为(x,y)，那么：$x=(x_1+x_2)/2$，$y=(y_1+y_2)/2$。

```
#include<stdio.h>
```

```
main()
{float x,y,x1=4,y1=6,x2=8,y2=-6;
 x=(x1+x2)/2;   y=(y1+y2)/2;
 printf("中点坐标为(%f,%f)。\n", x,y);
 }
```

12.
```
#include<stdio.h>
main()
{ float x1=2.5, x2=0.3, x3=3.6, y;
 y=3*x1-2;   printf("x=%f,y=%f\n",x1,y);
 y=3*x2-2;   printf("x=%f,y=%f\n",x2,y);
 y=3*x3-2;   printf("x=%f,y=%f\n",x3,y);
}
```

13.
```
#include "stdio.h"
main()
{ float x, y, z;
 scanf("%f, %f", &x, &y);
 z=2*x+3*y-4*x*y;
 printf("%f\n",z);
}
```

第 4 章 选择结构程序的设计

4.1 本 章 要 点

4.1.1 关系运算符与关系表达式

1. C 语言中的逻辑值

关系运算和逻辑运算的运算结果都是逻辑值。逻辑值只有“真”和“假”两种取值，非 0 代表“真”；0 代表“假”，C 语言中没有专门的逻辑值。

关系运算实际上就是比较运算，即将两个值进行比较，比较的结果为“真”或为“假”。

2. 关系运算符

C 语言共提供了 6 种关系运算符，如表 1-4-1 所示。

表 1-4-1 关系运算符

操 作 符	>	>=	<	<=	==	!=
作 用	大于	大于或等于	小于	小于或等于	等于	不等于

注意：

(1) 关系运算符的优先级低于算术运算符。

(2) 关系运算符的优先级高于赋值运算符。

(3) 关系运算符的结合方向全是从左到右。

3. 关系表达式

由关系运算符和运算对象组成的表达式，称为关系表达式。关系表达式中的运算对象可以是 C 语言中的任何合法的表达式。

在 C 语言中，关系表达式的值是一个逻辑值，规定：对于“真”值用数字 1 来表示；对于“假”值用数字 0 来表示；当关系成立时，值为 1，否则值为 0。

4.1.2 逻辑运算符与逻辑表达式

关系表达式只能实现单一的判断功能，若要实现复合判断功能，必须用逻辑表达式。

1. 逻辑运算符

C 语言提供了 3 种逻辑运算符，如表 1-4-2 所示。

表 1-4-2 逻辑运算符

操 作 符	&&	||	!
作　用	逻辑与	逻辑或	逻辑非

注意：

(1) ||(逻辑或)和&&(逻辑与)是双目运算符，而！(逻辑非)是单目运算符。

(2) ||(逻辑或)和&&(逻辑与)的结合方向是自左向右，而！(逻辑非)的结合方向是自右向左。

(3) 各种常见运算符之间的优先顺序从高到低排列依次是：逻辑非(！)、算术运算符、关系运算符、逻辑与(&&)、逻辑或(||)、赋值运算符(=)。

2. 逻辑表达式

由逻辑运算符和运算对象组成的表达式称为逻辑表达式，逻辑表达式的值是逻辑值。

注意：

在对逻辑表达式进行求值运算的过程中，并不是所有的表达式都要进行运算，在一些情况下只对其中一部分进行运算。

(1) 对逻辑与(&&)运算符来说，只有在其左边表达式的值为“真”的情况下，才会计算右边表达式的值。

(2) 对逻辑或(||)运算符来说，只有在其左边表达式的值为“假”的情况下，才会计算右边表达式的值。

4.1.3 二分支选择结构——if 语句

1. 简单的 if 语句

```
if (表达式)    语句
```

上述结构表示：先判断表达式的值，如果结果为真(非 0)，则执行表达式后面的语句，然后再执行 if 语句的下一条语句；否则跳过 if 语句直接执行 if 语句的下一条语句。

2. 标准的 if 语句

```
if(表达式)    语句 1;
else     语句 2;
```

上述结构表示：如果表达式的值为非 0(真)，则执行语句 1；如果表达式的值为 0(假)，则跳过语句 1 而执行语句 2。语句 1 或语句 2 只能有一个被执行。

使用标准的 if 语句时应注意下面两点。

(1) 条件执行语句中的“else 语句 2;”部分是选择项，可以省略，此时条件语句变成：

```
if(表达式) 语句 1; (即变成上面简单的 if 语句情况)
```

(2) 当语句 1 或语句 2 包括多条语句时，必须使用{和}把这些语句包括在其中，此时条件语句的形式如下。

```
if(表达式)  { 语句体 1; }
else  { 语句体 2; }
```

3. 可实现多种选择的 if 语句

一般形式如下。

```
if(表达式 1)     语句 1;
else if (表达式 2)   语句 2;
else if (表达式 3)     语句 3;
    …
else if (表达式 n)     语句 n;
else   语句 n+1;
```

这种结构是从上到下逐个对条件进行判断，一旦发现某个表达式为真就执行与之相对应的语句。若所有表达式都为假，则执行最后一个 else 后的语句。

若某个表达式为真时有多条语句要执行，必须使用{和}把这些语句括起来。同时要注意，if 后面的表达式可以为单个的数字或字母，例如“if(1) a+=b;”。

4.1.4 条件运算符和条件表达式

C 语言中还提供了条件表达式来实现选择结构，使得语句更紧凑。

1. 条件运算符

条件运算符是 C 语言中唯一的一个三目运算符，由符号？和：组成。

2. 条件表达式

条件表达式的一般形式如下。

```
<表达式 1>?<表达式 2>:<表达式 3>
```

其执行过程是：先求表达式 1 的值，如果表达式 1 的值为真，则求表达式 2 的值，并把表达式 2 的值作为整个表达式的值；如果表达式 1 的值为假，则求表达式 3 的值，并把表达式 3 的值作为整个表达式的值。条件表达式可以代替某些 if-else 形式的语句。

示例代码如下。

```
main()
{ int x, y;    x=50;   y=x>78?123:45; printf("%d", y); }
```

本例中，y 将被赋值 45，如果 x=80，y 将被赋值 123。

4.1.5 多分支选择结构——switch 语句

在编写程序时，经常会碰到按不同情况分支的问题，这时可以用 if-else-if 语句来实现，但 if-else-if 语句容易出错。C 语言提供了 switch 语句来处理这种情况，switch 语句也称开关语句。

switch 语句的语法格式如下：

```
switch(表达式)
  {  case 常量表达式 1  :  语句 1 或空;
     case 常量表达式 2  :  语句 2 或空;
        ……
     case  常量表达式 n  :  语句 n 或空;
     default  :   语句 n+1 或空;
  }
```

执行 switch 开关语句时，先计算表达式的值，再将表达式的值逐个与 case 后的常量表达式的值进行比较。如果与某一个值相等，则执行该常量表达式后面的语句；若不与任何一个常量表达式的值相等，则执行 default 后面的语句。当遇到 break 语句时，跳出 switch 结构，直接将程序流程转向 switch 结构外的下一条语句。

注意：

(1) switch 后面的表达式的类型一般为整型、字符型或枚举型。

(2) 冒号“:”与其两边的字符要用空格分开，否则系统会报错。

(3) 可以省略一些 case 和 default。

(4) 每个 case 或 default 后的语句可以是一条语句，也可以是若干条语句，且不需要使用“{”和“}”括起来。

(5) 多个 case 可以共用一组执行语句。例如，下面的常量表达式等于 1、2、3 时，都执行语句“x=a*b; break;”。

```
case 1 :
case 2 :
case 3 :   x=a*b; break;
```

(6) 各个 case 语句和 default 语句出现的次序不影响程序的执行结果。

(7) 冒号后如果有语句，则该语句后面要加上一条 break 语句，以便实现特定功能后，能够跳出 switch 结构。

4.2 本 章 难 点

4.2.1 if 语句的嵌套

条件语句可以嵌套，嵌套语句容易出错，原因是不知道哪个 if 对应哪个 else。

示例代码如下。

```
if (x>20||x<-10)
if (y<=100&&y>x)   printf("Good");
else   printf("Bad");
```

对于上述情况，规定：else 语句与它上面最近的一个 if 语句相匹配，上例中的 else 与 if(y<=100&&y>x)相匹配。

为了使 else 与 if(x>20||x<－10)相匹配，可以加大括号，如下所示：

```
if(x>20||x<－10)
      {if(y<=100&&y>x)   printf("Good"); }
else printf("Bad");
```

4.2.2　条件表达式的使用

(1) 条件运算符的优先级高于赋值运算符，但低于关系运算符和算术运算符。

例如：

　　“y=x>10?100:200;” 相当于“y=(x>10?100:200);”。

由于赋值运算符优先级较低，因此先计算条件表达式的值，然后再赋给 y。

再例如：

　　“y=x>0?x+1:x*x/2; ”相当于“y=((x>0)?(x+1):(x*x/2));”。

(2) 条件运算符的结合方向是自右至左，允许嵌套。

例如：

“a>b?a:c>d?c:d; ”相当于“a>b?a:(c>d?c:d)”。

(3) 在条件表达式中，当表达式 2 与表达式 3 的类型不同时，条件表达式的值类型为二者中较高的数据类型。

如下所示，由于实型高于整型，所以“x>10?i+1:f+1”的值类型为实型。

```
int   i=2;   float f=3.0;
y=x>10?i+1:f+1;
```

4.2.3　switch 语句和 break 语句的使用

单独使用 switch 语句并不能起到分支的作用，因为当关键字 switch 后面表达式的值与 case 后面常量表达式的值相等时，系统就找到了入口的标号，将执行此标号后的所有语句，直到执行完 switch 结构的最后一条语句，才跳出 switch 结构。所以，C 语言提供了 break 语句，使程序在指定位置跳出 switch 语句，从而实现了选择结构程序的设计。

break 语句也称间断语句，通常用在循环语句和 switch 语句中。当 break 用于 switch 语句中时，可以使程序跳出 switch 而执行 switch 后面的语句。

注意：

(1) break 语句只能从循环语句和 switch 语句中跳出，不能从 if-else 条件语句中跳出。

(2) 在多层循环和 switch 语句中，一个 break 语句只能向外跳一层。

4.3　例题分析

例 4.1　为了表示数学关系表达式 x≥y≥z，应使用下面哪个 C 语言表达式？(　　)

A. (x>=y)&& (y>=z)　　　　B. (x>=y)||(y>=z)

C. (x>=y)&& (x>=z)　　　　D. (x>=y)||(x>=z)

解： C 语言中表示两个条件同时成立时，要用逻辑运算符中的逻辑与，其符号表示为&&，因此只有 A 和 C 有可能是正确答案，而 C 不符合原题意。故 A 为正确答案。

例 4.2 从键盘上输入一个字符，使用 if 语句判断字符类型并输出。

解： 应根据输入字符的 ASCII 码来判别其类型。由 ASCII 码表可知，ASCII 码值小于 32 的为控制字符；在 48 和 57 之间的为数字 0~9；在 65 和 90 之间的为大写字母 A~Z；在 97 和 122 之间的为小写字母 a~z；大于 122 的为其他字符。

可以采用嵌套 if 语句来满足题目要求。程序代码如下：

```
#include<stdio.h>
main()
{char c;    printf("Please input a character:");    c=getchar();
 if (c<32)                              /* ASCII 码值小于 32，该字符为控制字符*/
    printf("This is a control character\n");
 else if (c>=48&&c<=57)          /*该字符为数字*/
    printf("This is a digit:%c\n",c);
 else if (c>=65&&c<=90)          /*该字符为大写字母*/
    printf("This is a capital letter%c \n",c);
 else if (c>=97&&c<=122)          /*该字符为小写字母*/
    printf("This is a small letter%c \n",c);
 else printf("This is an other character\n");    /*该字符为其他字符*/
 }
```

例 4.3 假设今天是星期二，编写程序计算若干天后是星期几。

解： 一个星期有 7 天，如果用 n 存放距离今天的天数，则让 n 与 7 作求余数运算，余数有 7 种可能数字，即余数为 0 是星期二，余数为 1 是星期三，……，余数为 6 是星期一。程序代码如下：

```
#include <stdio.h>
int main()
{int n;    printf("请输入从今天开始过了多少天：");    scanf("%d",&n);
 switch(n%7)
    {case 0 : printf("星期二\n");break;
     case 1 : printf("星期三\n");break;
     case 2 : printf("星期四\n");break;
     case 3 : printf("星期五\n");break;
     case 4 : printf("星期六\n");break;
     case 5 : printf("星期天\n");break;
     case 6 : printf("星期一\n");break;
    }
 return 0;
}
```

例 4.4 从键盘输入 x 的值，计算并打印下列分段函数 y 的值。

```
y=0 (当 x<60 时)
y=1 (当 60<=x<70 时)
```

y=2 (当 70<=x<80 时)
y=3 (当 80<=x<90 时)
y=4 (当 x>=90 时)

解：程序代码如下：

```
main()
{   float x;    scanf("%f",&x);
    if (x<60)               printf("y=0\n");
    if (x>=60 && x<70)      printf("y=1\n");
    if (x>=70 && x<80)      printf("y=2\n");
    if (x>=80 && x<90)      printf("y=3\n");
    if (x>=90)              printf("y=4\n");
}
```

也可以编写为如下形式：

```
main()
{   float x;    scanf("%f",&x);
    if (x<60)           printf("y=0\n");
    else if (x<70)      printf("y=1\n");
    else if (x<80)      printf("y=2\n");
    else if (x<90)      printf("y=3\n");
    else                printf("y=4\n");
}
```

例 4.5　从键盘输入年份和月份值，然后输出该月的天数。

解：每年的 1、3、5、7、8、10、12 七个月的天数是 31 天，4、6、9、11 四个月的天数是 30 天，2 月份的天数闰年为 29 天，平年为 28 天。是否为闰年的判断规则为：如果年份能被 4 整除但不能被 100 整除为闰年，或年份能被 400 整除为闰年，否则为平年。程序代码如下：

```
main()
{int year,month,day=0;
printf("Pleas input   year ,month:\n");   scanf("%d，%d", &year,&month);
if(month= =1||month= =3||month= =5||month= =7||month= =8||month= =10||month= =12)
    day=31;
if (month= =4||month= =6||month= =9||month= =11)
    day=30;
if (month= =2)
      if(year%4= =0 && year%100!=0 || year%400= =0)    day=29;
      else    day=28;
printf("days=%d",day);
}
```

例 4.6　输入一个不多于 5 位的正整数，要求如下：(1) 求出它的位数并输出；(2) 按逆序输出它的每一位数码。例如，输入“56789”，输出“5，98765”。程序代码如下：

```
main()
{ long int shu;   int ge,shi,bai,qian,wan,wei;
  printf("请输入一个正整数(1~99999): ");   scanf("%ld",&shu);
  if   (shu>9999)   wei=5;
```

```
    else if  (shu>999)   wei=4;
    else if  (shu>99)   wei=3;
    else if  (shu>9)   wei=2;
    else   wei=1;
    printf("输入的数%ld 是%d 位数\n",shu,wei);
    wan=shu/10000;
    qian=(shu-wan*10000)/1000;
    bai=(shu- wan*10000- qian *1000)/100;
    shi=shu%100/10;
    ge=shu%10;
    printf("\n 按逆序输出为: ");
    switch(wei)
      {case  5 :  printf("%d%d%d%d%d\n",ge,shi,bai,qian,wan); break;
       case  4 :  printf("%d%d%d%d\n",ge,shi,bai,qian); break;
       case  3 :  printf("%d%d%d\n",ge,shi,bai); break;
       case  2 :  printf("%d%d\n",ge,shi); break;
       case  1 :  printf("%d\n",ge); break;
      }
  }
```

例 4.7 某游轮公司规定如下收费标准：若是正常人，乘坐一等舱位收费 300 元，乘坐二等舱位收费 260 元，乘坐三等舱位收费 230 元。若是残疾人，乘坐一等舱位收费 220 元，乘坐二等舱位收费 180 元，乘坐三等舱位收费 150 元。编写程序，根据输入的游客信息(是否正常人，乘坐几等舱位)显示收费标准。

解：设变量 man==1 代表是正常人，man==0 代表是残疾人。变量 cabin 的值代表舱位等级。根据 man 和 cabin 的值，程序采用嵌套结构。首先按照 man 的值，分成两种情况，用 if 语句处理，对 man 的每种情况，采用 switch 语句，分 3 种舱位为变量 charge 赋值。

用不同的数值代表不同的事物或不同的现象，这是编写程序的常用技巧。例如，可用数值代表颜色：1 代表黑色，2 代表红色，3 代表蓝色；可用数值代表天气：0 代表晴天，1 代表多云，2 代表小雨，3 代表中雨，4 代表大雨，等等。程序代码如下：

```
#include <stdio.h>
main()
{int man, cabin, charge;
printf("若是正常人，请输入 1，若是残疾人，请输入 0：");    scanf("%d", &man);
printf("请输入舱位的等级(1、2、3)：");    scanf("%d", &cabin);
if (man= =1)
   switch(cabin)
      {case 1 : charge=300;   break;
       case 2 : charge=260;   break;
       case 3 : charge=230;   break;
      }
else
   switch(cabin)
      {case 1 : charge=220;   break;
       case 2 : charge=180;   break;
       case 3 : charge=150;   break;
      }
```

```
printf("\n 收费标准为%d 元。", charge);
return 0;
}
```

4.4 习　题

4.4.1 单项选择题

1. 在 C 语言中，逻辑“真”等价于(　　)。
   A. 大于零的数　　B. 大于零的整数
   C. 非零的数　　D. 非零的整数
2. 在 C 语言中，switch 后的括号内表达式的值可以是(　　)。
   A. 只能为整型　　B. 可以为整型、字符型、实型、枚举型
   C. 只能为字符型　　D. 只能为实型
3. C 语言的 switch 语句中 case 后(　　)。
   A. 可为任何量或表达式　　B. 只能为常量或常量表达式
   C. 可为常量及表达式或有确定值的变量及表达式　　D. 只能为常量
4. 在 C 语言的 if 语句中，用做判断的表达式为(　　)。
   A. 任意表达式　　B. 逻辑表达式　　C. 关系表达式　　D. 算术表达式
5. 在如下程序段中，若输入 5，则(　　)。

```
int x; scanf("%d", &x);
if (x++)    printf ("%d",x--);
else printf ("%d", -- x);
```

   A. 输出 3　　B. 输出 4　　C. 输出 5　　D. 输出 6
6. 有字符型变量 str，下列判断 str 为大写字母或小写字母正确的一项是(　　)。
   A. str>=65&&str<=90||str>=97&&str<=122
   B. (str>65&&str<90)||(str>97&&str<122)
   C. 65<=str<=90||97<=str<=122
   D. (str>=65||str<=90)||(str>=97||str<=122)
7. 请阅读下面的程序，判断其运行结果为(　　)。

```
main()
 { char c='a';
     if ('d'<=c<='A')    printf"YES");
     else    printf("NO");
   }
```

   A. YES　　B. NO　　C. YESNO　　D. 语句错误
8. 以下程序(　　)。

```
main()
 { int    a=5,b=0,c=0;
```

```
    if (a=b+c)     printf("***\n");
    else           printf("$$$\n");
}
```

A. 不能通过编译　　B. 输出***$$$　　C. 输出***　　D. 输出$$$

9. 以下程序的输出结果是(　　)。

```
main()
{   int   a=-1 ,b=1 ;
      if ((++a<0 ) && !( b--<=0))   printf ("%d      %d\n", a ,b );
      else   printf("%d     %d \n", b , a) ;
}
```

A. －1　1　　B. 0　1　　C. 1　0　　D. 0　0

10. 当a=1，b=3，c=5，d=4时，执行下面一段程序后，x的值为(　　)。

```
if ( a<b )
  if ( c<d )    x=1 ;
  else
      if ( a<c )
         if ( b<d )   x=2 ;
         else   x=3 ;
      else   x=6 ;
else   x=7 ;
```

A. 1　　B. 2　　C. 3　　D. 6

11. 下面程序的输出结果是(　　)。

```
main()
{ int x=100,a=10,b=20,OK1=5,OK2=0;
   if (a<b)
     if (b!=15)
       if (!OK1) x=1;
       else if (OK2) x=10;
   x=-1;
   printf("%d\n",x);
}
```

A. －1　　B. 0　　C. 1　　D. 不确定的值

12. 假设所有变量均已正确说明，下列程序段运行后，x的值是(　　)。

```
a=b=c=0; x=35;
if (!a)   x--;
else if (b);
if (c)   x=3;
else   x=4;
```

A. 34　　B. 4　　C. 35　　D. 3

13. 已知ch是char型变量，其值为'A'，那么下面表达式的值是(　　)。

```
ch=(ch>='A'&&ch<='Z')?(ch+32):ch
```

A. A　　　　　B. a　　　　　C. Z　　　　　D. z

14. 设有语句“int x=3,y=4,z=5;”，则下列表达式中值为 0 的是(　　)。

A. x&&y　　B. x<y　　C. x||y+z&&y-z　　D. !((x<y)&&!z||1)

15. 设有语句“int a=3,b=4,c=5;”，执行完表达式 a++>--b&&b++>c--&&++c 后，a、b、c 的值分别为(　　)。

A. 3 4 5　　　　B. 4 3 5　　　　C. 4 4 4　　　　D. 4 4 5

16. 若有“int i=10,j=0;”，执行下列程序段后，变量 i 的值是(　　)。

```
switch( i )
{   case 9 :   i+=1;break;
    case 10:
    case 11:   i=2;break;
    default:   j+=3;break;
}
```

A. 1　　　　　B. 2　　　　　C. 10　　　　　D. 11

4.4.2　填空题

1. 多分支选择可以用嵌套的 if 语句实现，或者用_______语句来实现。

2. 结构化程序设计的基本结构有 3 种，分别是顺序结构、_____结构和_____结构。

3. 在嵌套的 if 语句中，为了保证在语法上不出现歧义，if 语句总是和_______的 else 语句相匹配。

4. break 语句只能用于_______语句和_______语句。

5. 判断闰年的条件是：若此年是 4 的倍数并且不是 100 的倍数，或是 400 的倍数，则是闰年，将此条件写成逻辑表达式为________________________。

6. 如下语句在编译时_______(填“会”或者“不会”)报错。

```
float x ; if(x>0) printf("%d",x);
```

7. 如下语句在编译时_______(填“会”或者“不会”)报错。

```
if(a=b)   a++;
```

8. 下面左侧的 if 语句与右侧 if 语句的作用_______(填“相同”或者“不相同”)。

```
if (x<0)    y=x+8;                 if (x<0)    y=x+8;
else if (x<32)   y=6*x;            else if (x>=0 && x<32)   y=6*x;
else if (x<89)   y=5-x;            else if (x>=32 && x<89)   y=5-x;
else   y=7*x*x;                        else   y=7*x*x;
```

9. 对于数学表达式 m>n>k，可以用 C 语言表达式______________表示。

10. 已知 48 是'0'的 ASCII 码值，执行下面的代码之后，变量 b 中存储的是字符_______。

```
int a=48;   char b,c;   c=a;   b=c ? c+3 : a+5
```

4.4.3 阅读程序写结果题

1.
```
# include"stdio.h"
main()
  { int a, b, c;    a=2; b=3; c=1;
   if (a>b)
       if (a>c)   printf("%d\n",a);
       else   printf("%d\n",b);
   printf("end\n");
  }
```

2.
```
# include"stdio.h"
main()
   {int a,b,c,d,x;   a=c=0;   b=1;   d=20;
    if (a)   d=d-10;
    else   if   (!b)
    else   x=25;
    printf("d=%d\n",d);
   }
```

3.
```
# include "stdio.h"
  main()
   {int s=1,t=1,a,b;   scanf("%d,%d",&a,&b);   /*运行时输入 2，3*/
    if   (a>0)   s=s+1;
    if   (a>b)   t=s+t;
    else   if   (a==b)   t=5;
    else   t=2*s;
    printf("s=%d,t=%d\n",s,t);
   }
```

4.
```
# include"stdio.h"
  main()
   {int x=1,y=0;
    switch(x)
      { case 1 :   switch(y)
                    { case 0   :   printf("first\n");break;
                      case 1   :   printf("second\n");break;
                    }
        case 2 :   printf("third\n");
      }
   }
```

5. 分别写出以下程序在输入 – 10、5、10 或 30 后的执行结果。

```
#include"stdio.h"
main()
{int x,c,m;   float y;   scanf("%d",&x);
 if (x<0)   c= - 1;
 else   c=x/10;
 switch (c)
    {case -1 : y=0; break;
```

```
        case 0 : y=x; break;
        case 1 : y=10; break;
        case 2 :  case 3 : y=-0.5*x+20; break;
        default: y=-2;
      }
    if (y!=-2)  printf("y=%g\n",y);
    else  printf("error!\n");
  }
```

6.
```
# include"stdio.h"
main()
 {int a=2,b=7,c=5;
  switch (a>0)
    { case 1 :  switch (b<0)
                  {case  1  :  printf("@");break;
                   case  2  :  printf("!");break;
                  }
      case 0 :  switch (c==5)
                  {case  0  :  printf("*");break;
                   case  1  :  printf("#");break;
                   default  :  printf("$");break;
                  }
      default: printf("&");
    }
   printf("\n");
 }
```

7.
```
# include "stdio.h"
main()
 { int a,b,c;  a=b=c=0;
  if (++a || b++ || c++)  printf("%d,%d,%d",a,b,c);
  else  printf("OK");
 }
```

4.4.4 编写程序题

1. 输入 3 个正数，判断能否构成三角形。
2. 从键盘输入两个整数，分别赋给 a、b (a<b)，判断 a 是否为 b 的平方根。
3. 输入一个整数，判断它能否被 3 整除，并输出判断结果。
4. 输入 4 个整数，要求按从小到大的顺序输出。
5. 输入一个 3 位数整数，判断它的个位数码是否小于 7，并且十位数码能否被 3 整除及百位数码的平方是否大于 20，若以上条件满足则输出 YES，否则输出 NO。
6. 让 1~7 的整数分别对应表示星期的英文单词 Monday、Tuesday、Wednesday、Thursday、Friday、Saturday、Sunday。请输入一个 1~7 的整数，输出相对应的星期数。
7. 从键盘输入 x 的值，用 if 语句编写程序计算下列分段函数的值。

$$y=\begin{cases} x & (x<1) \\ 2x-1 & (1\leqslant x<10) \\ 3x-11 & (x\geqslant 10) \end{cases}$$

8. 用 switch 语句编写解决以下问题的程序。

从键盘输入字符 A 时，输出“考核成绩优秀”；输入字符 B 或 C 时，输出“考核成绩良好”；输入字符 D 或 E 时，输出“考核成绩及格”；输入其他英文字符时，输出“考核成绩不及格”；若输入非英文字符，输出“输入错误”。

9. 现有三个大小相同的球，有一个球的重量和另外两个不同，给你一架天平，编程找出那个重量不一样的球。

10. 已知平面上两点的坐标分别是(3,7)和(9,2)，判断这两点的距离是否大于 9。

11. 已知平面直角坐标系中一个圆的方程式为$(x-8)^2+(y+6)^2=49$，输入一个点的坐标值(x,y)，判断该点是位于这个圆内、圆外还是圆上。

4.5 习题参考答案

4.5.1 单项选择题答案

1. C　2. B　3. B　4. A　5. D　6. A　7. A　8. D　9. C　10. B
11. A　12. B　13. B　14. D　15. B　16. B

4.5.2 填空题答案

1. switch　2. 选择　循环　3. 离它最近的下一个语句中
4. 循环，switch　5. (year%4==0&&year%100!=0)||(year%400==0)
6. 不会　7. 不会　8. 相同
9. m>n && m>k　10. 3

4.5.3 阅读程序写结果题答案

1. end　2. d=20　3. s=2,t=4　4. first　third
5. y=0, y=5, y=10,y=5　6. #&　7. 1,0,0

4.5.4 编写程序题参考答案

1.
```
main()
  { float a,b,c ;
    printf("a,b,c:"); scanf ("%f,%f,%f",&a,&b,&c);
    if (a+b>c && a+c>b && b+c>a )   printf("true\n");
    else   printf("false\n");
  }
```

2.
```
#include<stdio.h>
main()
```

```
  {int a,b;     printf("a,b=");   scanf("%d,%d",&a,&b);
   if (a*a==b)   printf("%d 是%d 的平方根.\",a,b);
   else   printf("%d 不是%d 的平方根.\n",a,b);
  }
```

3.
```
   #include<stdio.h>
   main()
   { int num;   printf("num=");    scanf("%d",&num);
    if (num%3==0)   printf("Right!");
    else   printf("False!");
   }
```

4.
```
main()
  { int t,a,b,c,d;   scanf("%d,%d,%d,%d",&a,&b,&c,&d);
   printf("\n\na=%d,b=%d,c=%d,d=%d\n",a,b,c,d);
   if (a>b) {t=a;a=b;b=t;}
   if (a>c) {t=a;a=c;c=t;}
   if (a>d) {t=a;a=d;d=t;}
   if (b>c) {t=b;b=c;c=t;}
   if (b>d) {t=b;b=d;d=t;}
   if (c>d) {t=c;c=d;d=t;}
   printf("\n 从小到大排序为: %d    %d    %d    %d \n",a,b,c,d);
}
```

5.
```
main()
  {int t,a,b,c;    printf("t=");    scanf("%d",&t);
  a=t%10;   b=t/10%10;   c=t/100;
  if ((a<7)&&(b%3==0)&&(c*c>20))    printf("YES");
  else   printf("NO");
  }
```

6.
```
#include<stdio.h>
   main()
   {int n;   printf("请输入 1~7 的数字:");    scanf("%d",&n);
    switch(n)
     {case 1 : printf("Monday\n");break;
      case 2 : printf("Tuesday\n");break;
      case 3 : printf("Wednesday\n");break;
      case 4 : printf("Thursday\n");break;
      case 5 : printf("Friday\n");break;
      case 6 : printf("Saturday\n");break;
      case 7 : printf("Sunday\n");break;
      default : printf("输入错误\n");break;
     }
    return 0;
   }
```

7.
```
main()
  { int x, y;    printf("input x: ");    scanf("%d",&x);
   if (x<1)            { y=x;    printf("x=%d, y=x=%d\n",x,y); }
   else if (x<10)     { y=2*x-1;    printf("x=%d, y=2*x-1=%d\n",x,y); }
```

```
    else                { y=3*x-11;   printf("x=%d, y=3*x-11=%d\n",x,y); }
  }
```

8.
```
#include<stdio.h>
main()
{char ch;
 printf("input a character:");   scanf("%c",&ch);
 if (!(ch>='a'&&ch<='z'||ch>='A'&&ch<='Z') )    printf("输入错误\n");
 else
     switch(ch)
     { case 'A': case 'a': printf("考核成绩优秀\n");break;
       case 'B': case 'b':
       case 'C': case 'c': printf("考核成绩良好");break;
       case 'D': case 'd':
       case 'E': case 'e': printf("考核成绩及格");break;
       default : printf("考核成绩不及格");
     }
 }
```

9.
```
int main()
 {int a,b,c;    printf("请输入三个球的重量：");    scanf("%d%d%d",&a,&b,&c);
  if(a==b)  printf("球 c 的重量不一样\n");
  else if(a==c)  printf("球 b 的重量不一样\n");
  else    printf("球 a 的重量不一样\n");
  return 0;
 }
```

10. 点(x_1,y_1)和(x_2,y_2)的距离公式为：$\sqrt{(y_2-y_1)^2+(x_2-x_1)^2}$

```
#include<stdio.h>
#include<math.h>
main()
  {float x1=3, y1=7, x2=9, y2=2;
   if (sqrt((y2-y1)* (y2-y1)+ (x2-x1)* (x2-x1)>9)   printf("两点间距离大于 9！ ");
   else   printf("两点间距离不大于 9！ ");
  }
```

11.
```
main()
{ float x,y;    printf("\n 请输入 x,y:");    scanf("%f,%f",&x,&y);
  if ((x-8)* (x-8)+(y+6)* (y+6)<49)   printf("\n 该点在圆内\n ");
  else if ((x-8)* (x-8)+(y+6)* (y+6)>49)   printf("\n 该点在圆外\n ");
  else   printf("\n 该点在圆上\n ");
}
```

第5章 循环结构程序的设计

5.1 本章要点

5.1.1 while语句构成的循环

while循环是一种“当型”循环结构。while循环的一般格式如下：

```
while(表达式)      /*由表达式确定循环条件*/
    语句;          /*循环体*/
```

其特点是先判断循环条件(即表达式)是否为“真”(即成立)，如果条件为“真”，则执行循环体，否则结束循环并执行循环结构后的语句。

while循环总是在头部检验循环条件，这可能会出现什么也不执行就退出循环的情况。

注意：

(1) 表达式一般为关系表达式或逻辑表达式。如果第一次判断时表达式的值就为0，则循环体语句一次也不执行。

(2) 允许循环体语句是空语句。

例如，“while((c=getche())!='\15');”，对于这个循环来说，直到按Enter键后才结束循环。转义字符'\15'代表Enter键，可以写成(c=getche())!='\r'或(c=getche())!=13)。

(3) 循环体中一定要有使循环趋向结束的操作，否则循环将永不结束，变成死循环。

(4) while循环可以包含多层循环嵌套。

(5) 循环语句可以是复合语句。即多条语句用{和}括起来，作为一条复合语句。

5.1.2 do-while语句构成的循环

do-while循环是C语言提供的“直到型”循环结构。do-while循环的一般格式如下：

```
do
  循环语句
while(表达式);
```

其特点是先执行循环语句，然后再判断循环条件是否成立(即表达式是否为真)。

该循环与 while 循环的不同之处在于：它先执行循环语句，然后再判断表达式是否为真，如果为真则继续循环，否则终止循环。因此，do-while 循环至少要执行一次循环语句。同样，当有多条语句参加循环时，要用{和}把它们括起来。

5.1.3 for 语句构成的循环

C 语言中用得最多的就是 for 循环。它的应用较灵活，可以代替前面讨论过的 while 循环和 do-while 循环。for 循环的一般格式如下：

```
for (表达式 1; 表达式 2; 表达式 3)    循环语句
```

表达式 1 一般是一个赋值语句，用来给循环控制变量赋初值；表达式 2 一般是一个关系表达式，它决定什么时候退出循环；表达式 3 一般定义循环控制变量每循环一次后按什么方式变化。这 3 个部分之间用“;”分开，举例如下。

```
for(i=1,sum=0; i<=10; i++)    sum+=i;
```

上例中先给循环变量 i 赋初值 1，然后判断 i 是否小于等于 10，如果条件为真则执行循环语句，之后 i 值增加 1。再重新判断，直到条件为假(i>10)时，结束循环。

注意：

(1) 当 for 循环中的循环语句为多条语句时，要用大括号将参加循环的语句括起来。

(2) 每个表达式可由几部分构成，各部分之间用逗号隔开。如上例(i=1,sum=0)所示。

(3) for 循环中的“表达式 1”“表达式 2”和“表达式 3”都可以省略，但“;”不能省略。若省略了表达式 1，应该在 for 语句之前给循环变量赋值；若省略了表达式 2，要在循环中加入 break 语句或 goto 语句以便跳出循环，否则便成为死循环；若省略了表达式 3，可以在循环语句中加入修改循环控制变量的语句。

(4) for 循环可以包含多层循环嵌套。

5.1.4 goto 语句以及 goto 语句构成的循环

goto 语句是一种无条件转移语句，可将程序的执行转到指定标号处，执行标号后的语句。goto 语句的使用格式如下：

```
goto  标号;
```

其中，标号是 C 语言中一个有效的标识符，标号可以放在任何语句之前。在这个作为标号的有效标识符之后加上一个冒号“:”一起出现在函数内某语句的前面，表示执行 goto 语句后，程序将跳转到该标号处并执行其后的语句。另外，标号必须与 goto 语句同处于一个函数中，但可以不在一个循环层中。通常，goto 语句与 if 条件语句配合使用，当满足某一条件时，程序跳转到标号处运行。

通常不建议使用 goto 语句，主要是因为它会使程序层次不清楚，且不易读。但想从多层嵌套中退出时，使用 goto 语句则比较合理。例如，下面程序中用 goto 语句直接跳到了外层循环的后面。

```
main()
{int i=0; char c;
 while(1)
  {c='\0';
   while(c!=13)                    /*Enter 键的 ASCII 码值是 13*/
     {c=getch();
      if (c= =27)   goto quit;     /*Esc 键的 ASCII 码值是 27*/
      printf("%c\n", c);
     }
     i++;   printf("The No. is %d\n", i);
  }
  quit:   printf("The end");
}
```

5.1.5　多重循环

多重循环即循环嵌套，是指一个循环体内包含另一个完整的循环结构；而内嵌的循环又可以嵌套新的循环，从而构成多层循环嵌套。

每种循环形式都可以自身嵌套，也可以相互嵌套。

5.1.6　break 语句和 continue 语句

1. break 语句

break 语句通常用在循环语句中，或用在 switch 语句中。

当 break 语句用于 switch 语句中时，可使程序结束 switch 结构而执行 switch 以后的语句。

当 break 语句用于 do-while、for、while 循环语句中时，可使程序终止循环而执行循环后面的语句。通常，break 语句与 if 语句配合使用。示例代码如下：

```
main()
{int i=0;   char c='\0';
 while(1)
   {while(c!=13&&c!=27)   /*从键盘输入字符并显示，按 Enter 键或 Esc 键结束循环*/
        {c=getch();   printf("%c\n", c); }
    if(c= =27)   break;        /*若按 Esc 键，则退出外层循环*/
    i++;
    printf("The No. is %d\n", i);
   }
 printf("The end");
}
```

注意：在多层循环中，一条 break 语句只能向外跳一层。

2. continue 语句

continue 语句的作用是跳过本次循环的循环体中剩余的语句，结束本次循环，但整个循环并没有结束。

continue 语句只用在 for、while、do-while 等循环体中，常与 if 条件语句一起使用。例如：

```
main()
{char c='\0';
 while(c!=0X0D) /*若 c 的值不是回车符，则循环。0X0D 是回车符的十六进制形式*/
   { c=getch();     /*若按 Esc 键，则结束本次循环。0X1B 是 Esc 键的十六进制形式 */
    if(c= =0X1B) continue;
     printf("%c\n", c);
   }
}
```

5.2 本 章 难 点

5.2.1 循环结构的理解

循环结构又称重复结构，是结构化程序设计的基本结构之一。它与顺序结构、选择结构一起构成解决各种复杂程序设计的基础，主要用于处理那些需要重复执行的操作。

理解循环结构要从理解循环结构的组成部分和循环执行的过程分析等方面着手。

一个完整的循环结构基本由如下 4 部分组成。

(1) 置初值：一般是循环变量和一些相关变量的初始化。

(2) 判断部分：是循环能否执行的判断条件。

(3) 循环体：是被重复执行的一些语句。

(4) 修正部分：修改循环变量的值以使判断部分最终为“假”，结束循环。

5.2.2 3 种循环结构的比较

(1) 3 种循环都可用来处理需要重复操作的问题，一般情况下它们可以互相代替。

(2) do-while 循环与 while 循环类似，不同之处在于它们执行循环体和计算表达式的先后顺序。do-while 是先执行后判断，所以至少执行一次循环体；而 while 和 for 循环是在进入循环体之前先判断循环条件是否成立，如果不成立则循环体一次也不执行。

(3) while 循环和 for 循环的区别：while 直接指定循环条件，重复执行的语句全部放在循环体中；for 循环可以在表达式 3 中包含趋于结束的操作，甚至可以将循环体中的所有语句都放在表达式 3 中。

(4) 对于 while 循环和 do-while 循环，循环变量初始化的操作应在循环之前完成；而 for 循环则可以在表达式 1 中实现。

5.2.3 多重循环

(1) 在具有循环嵌套的程序中，每层循环都要用一对大括号把所有循环体语句括起来。注意，要防止外层循环和内层循环发生交叉。

(2) 各层的循环变量是不同的，这样可以提高程序的可读性。

(3) 每层循环中都必须有使循环控制条件趋于不成立的语句，以避免死循环。

5.3 例题分析

例 5.1　若 i、j 为 int 型变量，则如下程序段中，内循环体的总执行次数是(　　)。

```
for(i=5;i;i--)
   for(j=0;j<4;j++) {...}
```

A. 20　　B. 24　　C. 25　　D. 30

解：二重循环执行时，外循环每循环一次，内循环将循环一遍(4 次)。本程序段中外循环执行了 5 次，所以内循环体总共执行了 5×4=20 次。故答案为 A。

例 5.2　有如下程序，若运行时从键盘输入 3.6 和 2.4，则输出结果是(　　)。

```
#include <math.h>
#include <stdio.h>
main(){
{float x,y,z;   scanf("%f,%f",&x,&y);   z=x/y;
  while(1)
     {if (fabs(z)>1.0)   {x=y;y=z;z=x/y;}
      else   break;
     }
  printf("%f\n",y);
}
```

A. 1.500000　　B. 1.600000　　C. 2.000000　　D. 2.400000

解：while 循环的条件是 1，即永真式循环，终止循环取决于何时执行到 break 语句；而 break 语句的执行受 if 语句控制；if 语句的执行取决于 x、y、z 的值。当 z 的绝对值小于 1.0 时，执行 else 中的 break 语句，退出循环，此时 y 的值为 1.6。答案为 B。

例 5.3　写出下面程序的执行结果。

```
main()
{ unsigned num=26, k=1;
   do
      {k*=num%10; num/=10;
      }while(num);
   printf("%d\n",k);
}
```

解：在 do-while 循环过程中，k 值和 num 值的变化为：第一次循环时，k=6,num=2；第二次循环时，k=12,num=0，循环结束。故程序的运行结果是 12。

例 5.4　编写程序：计算半径为整数 1 到 5 的圆的面积，仅打印圆的面积值≥50 的结果。

解：采用 for 循环编写该程序，当面积小于 50 时不打印面积值，用 continue 语句结束该次循环。

```
#include <stdio.h>
main( )
{int r;   float area;
  for (r=1;r<=5;r++)
```

```
        {area=3.141593*r*r;
         if( area<50.0)   continue;
         printf("%f\n",area);
        }
    }
```

例 5.5 下面程序的输出结果是(　　)。

```
#include <stdio.h>
main()
 {int a,b;
  for(a=1,b=1;a<=100;a++)
     {if (b>=20)   break;
      if (b%3= =1) {b+=3;continue;}
      b-=5;
     }
  printf("%d\n",a);
 }
```

A. 7　　　　B. 8　　　　C. 9　　　　D. 10

解：当 b≥20 时，程序执行 break 语句，跳出 for 循环；当 a 的值增至 8，而 b 的值增至 22 时，执行 break 语句，跳出循环。此时 a 的值为 8。故答案为 B。

例 5.6 输入 10 个数，然后分别输出其中的最大值和最小值。

解：设变量 max、min 分别用来保存最大值和最小值，先把第一个整数赋值给变量 max、min，然后每输入一个正整数就要和 max 的值进行比较，如果该值比 max 大，则把此值赋给 max，使 max 的值总保持最大，直到输入结束，则最终变量 max 的值即为所求。求最小值 min 的方法也类似。程序代码如下。

```
void main()
{float x,max,min; int i;
 for(i=1;i<=10;i++)
    {scanf("%f",&x);
     if(i= =1) {max=x; min=x;}
     if(x>max) max=x;
     if(x<min) min=x;
    }
 printf("%f,%f\n",max,min);
}
```

例 5.7 求输入的整数各位数字之和，如输入 234，则输出 9；若输入 −312，则输出 6。

解：设变量 s 用来保存整数的各位数字之和，对输入的整数先取出它的个位数存到变量 s 中，再扔掉该整数的个位数，直到该整数变为 0。程序代码如下。

```
#include <stdio.h>
#include <math.h>
void main()
{int n,s=0;   scanf("%d",&n);   n=abs(n);   /*n 取绝对值*/
 while(n!=0)
    {s=s+n%10;         /*取出 n 的个位数并赋给 s*/
```

```
        n=n/10;              /*扔掉 n 的个位数*/
      }
    printf("%d\n",s);
  }
```

例 5.8　编码程序，打印出如下图案(菱形)。

```
   *
  ***
 *****
*******
 *****
  ***
   *
```

解：可将图形分成两部分来看待，前四行一个规律，后三行一个规律。利用双重 for 循环，第一层控制行，第二层控制列。程序代码如下。

```
main()
{int i,j,k;
  for(i=0;i<=3;i++)
    { for(j=0;j<=2-i;j++)   printf(" ");   /*每次输出一个空格*/
      for(k=0;k<=2*i;k++)   printf("*");
      printf("\n");
      }
  for(i=0;i<=2;i++)
    { for(j=0;j<=i;j++)   printf(" ");   /*每次输出一个空格*/
      for(k=0;k<=4-2*i;k++)   printf("*");
      printf("\n");
    }
}
```

例 5.9　给定 1、2、3、4 四个数字，输出由它们构成的无重复数字的所有三位数。

解：三位数的每一位都可以是 1、2、3、4，可以用三层循环来验证，输出合乎条件的数字。程序代码如下。

```
#include <stdio.h>
int main()
{int i,j,k,n=0;   /*n 记录满足要求的数字个数*/
 for(i=1;i<=4;i++)
    for(j=1;j<=4;j++)
      for(k=1;k<=4;k++)
        if(i!=j && i!=k && j!=k)       /*满足数字不重复*/
          {n++;
           printf("%4d", i*100+j*10+k);
           if (n%10= =0)   printf("\n");       /*每一行输出 10 个数字*/
          }
}
```

5.4 习　题

5.4.1　单项选择题

1. 下面程序段中的循环执行(　　)次。

```
int x=20;
do{ x/=2; } while (x--);
```

A. 4　　B. 3　　C. 5　　D. 6

2. 在第 1 题中，若能退出循环，则退出循环后 x 的值为(　　)。

A. 0　　B. 0.375　　C. －0.625　　D. －1

3. 下面程序的输出结果为(　　)。

```
int x=20,y=40,z=60;
while(x<y) x+=4;
y-=4; z/=2;    printf("%d,%d,%d",x,y,z);
```

A. 40,36,30　　B. 32,28,7　　C. 32,28,30　　D. 32,28,7.5

4. 下面程序段在执行完毕后，a 的值是(　　)。

```
int j=0,k=0,a=0;
while(j<2)
    { j++;   a=a+1;    k=0;
     while(k<=3)
         {k++;
          if (k%2!=0)    continue;
          a=a+1;
          }
       a=a+1;
    }
```

A. 4　　B. 6　　C. 8　　D. 10

5. 下面程序的输出结果为(　　)。

```
int x=1,s=0;
while(x<10)   s=s+x;
printf("%d,%d\n",x,s);
```

A. 10,45　　B. 9,45　　C. 10,55　　D. 10,55

6. 下列说法正确的是(　　)。

A. 编写 C 程序时，应该控制嵌套循环的重数。

B. 编写 C 程序时，循环变量的名称越短越好。

C. 编写 C 程序时，应多用 goto 语句构成的循环，这样能使程序的结构清晰。

D. 编写 C 程序时，最好用 goto 语句退出循环，而不是使用 break 语句。

7. 以下循环体的执行次数是(　　)。

```
main()
{int   i,j ;
 for(i=0,j=1; i<=j+i; i+=2,j--) printf("%d\n", i ) ;
}
```

A. 3　　B. 2　　C. 1　　D. 0

8. 下列程序的输出结果是(　　)。

```
main( )
 { int i,j, m=0,n=0 ;
   for(i=0;i<2;i++ )
       for(j=0;j<2;j++ )   if (j>=i)   m=1 ;
   n++ ;
   printf("d\n", n ) ;
 }
```

A. 4　　B. 2　　C. 1　　D. 0

9. 以下程序段的运行结果是(　　)。

```
int   a , y ; a=10 ; y=0 ;
do{a+=2 ;   y+=a ;
   if ( y>20 )   break ;
  } while ( a=14 ) ;
printf("a=%d   y=%d\n", a ,y ) ;
```

A. a=18　y=24　　B. a=14　y=44

C. a=12　y=12　　D. a=16　y=28

10. 以下程序的运行结果是(　　)。

```
main()
{ int   n=4 ;
  while( n--)   printf("%d", --n ) ;
 }
```

A. 2　0　　B. 3　1　　C. 3　2　1　　D. 2　1　0

5.4.2　填空题

1. 运行如下程序段，输出结果为______________。

```
#include<stdio.h>
main( )
{ int x,y,s=0;
  for(x=30,y=0;x>20&&y<10;x--,y++)   s=x+y;
  printf("x=%d, y=%d, s=%d\n", x, y, s);
}
```

2. 运行如下程序段，输出结果为______________。

```
int i;
for(i=0;i<8;i++)   printf("%d, ",++i);
```

```
printf("%d", i++);
```

3. 运行如下程序段，输出结果为______________。

```
 int   n=0;
for( ; n+4; n++)
   { if (n>5 && n%3= =1)
        { printf("%d\n", n);   break;   }
     printf("%d, ", n++);
   }
```

4. 运行如下程序段，输出结果为______________。

```
#include <stdio.h>
main( )
{int n=0;
 while (n<=4)
    {switch(n)
        {case 0:;
         case 1: printf("%d," , n);
         case 2: printf("%d," , n++);break;
         default : printf("**");n++ ;
         }
     }
}
```

5. 运行如下程序段，输出结果为______________。

```
int n,a,b,c;   a=0,b=0,c=0;
for (n=1;n<=2;n++)
    if (++a || b++ || c++)     printf("%d,%d,%d,",a, b, c);
    else     printf("OK");
```

6. 对于下面的程序段，若输入整数 12345，则输出结果为______________。

```
int x,y;   scanf("%d",&x);
do
  {y=x%10;    printf("%d", y);    x/=10;
  }while(x);
```

7. 执行如下程序，则输出结果为______。while 循环的循环体共执行了______次。

```
int n=0; int sum=0;
while (n++,n<20)
   {if (n= =(n/2)*2)    continue;
    sum+=n;
   }
printf("%d\n",sum);
```

8. 在下面程序段中，循环语句中的循环体被执行了______次。

```
int i=20;
do{ switch( i%4)
```

```
        {case 0 : i=i-7; break;
         case 1 : i=i+1; break;
         case 2 : i=i+1; break;
         case 3 : i=i+1;
        }
    } while (i>=0);
```

9. 运行如下程序段，输出结果为______________。

```
int m,n;
for (m=0; m<2;m++)
    for (n=10; n>0; n=n-2)
      {if ((m+n)%3)   continue;
       else   printf("%d", m+n);
       printf("%%");
      }
```

10. 若有“int　x=0 , i=3; ”，则下面语句连续打印出*的个数为_______个。

```
do  { i-- ;  printf ("*");
    } while ( i==x ) ;
```

11. 下面程序的功能是：计算 1~10 范围内的奇数之和及偶数之和，请填空。

```
#include <stdio.h>
main()
{ int a, b, c , i;   a=c=0 ;
  for(i=0;i<=10;i+=2)
      { a+=i; __________; c+=b; }
  printf ("  偶数之和= %d \n ", a ) ;
  printf ("  奇数之和= %d \n ", c-11 );
}
```

12. 下面程序的功能是：输出 100 以内能被 3 整除且个位数为 6 的所有整数，请填空。

```
main()
{ int i , n ;
   for ( i=0 ; _________ ; i++ )
    {   n=i*10+6 ;
        if ( ________ )      continue ;
        printf ("%d", n) ;
     }
}
```

5.4.3　阅读程序写结果题

1. #include "stdio.h"

```
  main()
 {int s=0,k;
  for (k=7;k>=0;k--)
    {switch(k)
      {case 1:   case 4:   case 7: s++;break;
```

```
        case 2:    case 3:    case 6: break;
        case 0:    case 5: s+=2; break;
      }
    }
  printf("s=%d\n",s);
}
```

2. 下列程序段共执行了多少次？

```
x=-1;
do{x=x*x; }while(!x);
```

3. #include "stdio.h"

```
main()
{int i,j,sum,m,n=4;    sum=0;
 for(i=1; i<=n; i++)
   {m=1;
    for(j=1;j<=i;j++)    m=m*j;
    sum=sum+m;
   }
printf("sum=%d\n",sum);
}
```

4. #include "stdio.h"

```
main()
{int i;
 for(i=1;i<=5;i++)
    {if (i%2)    printf("*");
     else    continue;
     printf("#");
    }
 printf("$\n");
}
```

5. #include "stdio.h"

```
main()
{int i,j,k;    char ch=32;    /*ch 存放空格，空格的 ASCII 码值为 32*/
 for (i=1;i<=6;i++)
    {for (j=1;j<=20-2*i;j++)    putchar(ch);
     for (k=1;k<=i;k++)    printf("%4d",i);
     printf("\n");
    }
}
```

6. #include "stdio.h"

```
main()
{int i,j;
 for(i=4;i>=1;i--)
   {printf("*");
    for(j=1;j<=4-i;j++)    printf("*");
    printf("\n");
```

```
    }
  }
```

7. 运行如下程序段，输出结果是什么？

```
main( )
{ int i=0;
  while (i<=5)
    {++i;
     if (i==3)   continue ;
     printf("i=%d,", i);
    }
}
```

8. 运行如下程序段，输出结果是什么？

```
main( )
{ int i;
  for (i=1;i<5;i=i+2)
    { if ( i==3 )   break ;
      else   printf("%d\n",i*i);
    }
}
```

9. 按 Esc 键后，结果是什么？

```
#include<stdio.h>
 main()
 {char c;
  while (c!=27)     /*Esc 键的 ASCII 码值为 27*/
    {c=getch();
     switch (c)
       { case   'A'   :   putchar(c); break;
         case   'B'   :   putchar(c); break;
         default    :   puts("Error"); break;
       }
    }
 }
```

10. 已知“int i, j;”，运行如下程序段，输出结果是什么？

```
for (i=1; i<=3; i++)
  for(j=1; j<=i; j++)
        printf("%d ,%d,\n", i, j);
```

11. 已知“int i, j;”，运行如下程序段，输出结果是什么？

```
for (j=10;j<11;j++)
   { for (i=9;i<j;i++)
         if (!(j%i))   break;
     if (i>=j-1)   printf("%d",j);
   }
```

12. 定义“int i;”后，运行如下程序段，输出结果是什么？

```
for(i=1;i<=20;i++)
  { if (++i%2= =0)
      if (i%7= =0)   printf("%d\n", i);
  }
```

13. 假定 a 和 b 为 int 型变量，则执行下面语句后 b 的值是什么？

```
a=1;b=10;
do { b-=a; a++;} while (b--<0);
```

14. 设 j 为 int 型变量，则如下 for 循环语句的执行结果是什么？

```
for (s=0,j=10;j>=1;j--)
   if (j%3)   s=s+j;
printf("%d",s);
```

15. 设 n、k 和 s 均为 int 型变量，则执行下面的循环后，s 的值是什么？

```
for(s=0,n=2;n<4;n++)
   for(k=1;k<4;k++)     s=s+n*k;
printf("%d\n",s);
```

16. 运行下面的程序，如果从键盘上输入“65,14<回车>”，则输出结果是什么？

```
int m, n;   scanf("%d,%d", &m, &n);
  while (m!=n)
    { while (m>n) m-=n;
     while (n>m) n-=m;
    }
  printf("m=%d\n", m);
 }
```

17. 运行如下程序段，输出结果是什么？

```
int i,j,s1=0,s2=0;
 for (i=1;i<=3; i++)
  { s1=0;
    for (j=1;j<=i;j++)
      if (j%2==0)   continue;
      else   s1=s1+j;
    s2=s2+s1;
  }
 printf("%d\n", s2);
```

18. 运行如下程序段，输出结果是什么？

```
int k,t=1;
for(k=1;k<=10;k++)
  {if(k%2)   t=t*k;
   if(t>=15)   break;
  }
printf("%d\n", t);
```

5.4.4　编写程序题

1. 计算并输出表达式 1+(3/2)+(5/4)+(7/6)+…+(99/98)+(101/100)的值。

2. 计算并输出 1−1/2+1/3−1/4+…+1/99−1/100 的值。

3. 求出 200~300 范围内各个位置的数字和为 12、乘积为 42 的所有数。

4. 将一个正整数分解质因数。例如，输入 90，打印出 90=2*3*3*5。

5. 若一张纸厚 0.1mm，将这张纸不断对折，问：对折多少次后其厚度超过珠穆朗玛峰的高度(8848m)?

6. 输出 101~200 范围内的所有素数，并统计素数的个数。

7. 1 分、2 分、5 分硬币组成 1 角钱，有多少种组合？每一种组合是什么？

8. 输入一行字符，分别统计出其中英文字母、空格、数字和其他字符的个数。

9. 输入一个正整数，将该数的各位数码以逆序的方式输出。例如，输入 12345，输出 54321。

10. 一个球从 100 米的高度落下，每次落地后都反弹至原高度一半的位置，再落下。计算出第 10 次落地时小球共经过的距离。

11. 求 1+(-1/3!)+(1/5!)+(-1/7!)+(1/9!)+…，直至某项的绝对值小于 1e–5 时为止。

12. 计算 2 的平方根、3 的平方根……10 的平方根之和，要求计算结果保留小数点后 10 位有效数字。

13. 盒子里有红球 5 个、白球 5 个、黑球 10 个。从盒中任取 8 个球，问：至少有一个红球的取法有多少种？输出每一种具体的取法。

14. 设 a、b、c 为区间[1,100]的整数，统计使等式 c/(a×a+b×b)=1 成立的所有解的个数(若 a=1、b=3、c=10 是 1 个解，则 a=3、b=1、c=10 也是 1 个解)。

15. 在 6 至 5000 内找出所有的亲密数对。说明：若 a 的因子和等于 b，且 b 的因子和等于 a，且 a 不等于 b，则 a、b 为一对亲密数。如 220、284 是一对亲密数，284、220 也是一对亲密数。

16. 在正整数中找一个最小的，且被 3、5、7、9 除后余数分别为 1、3、5、7 的数。

17. 采用梯形法求函数 $y=\sqrt{x}$ 在区间[0，5]上的定积分的近似值。

18. z=f(x,y)=10cos(x-4)+5sin(y-2)，若 x，y 取值为区间[0,10]的整数，找出使 z 取最小值的 x 和 y。

19. 输入一个整数后，输出该数的位数。例如，若输入 5678，则输出 4。

20. 输入整数 n(n>0)，求 m，使得 2 的 m 次方小于或等于 n，2 的 m+1 次方大于或等于 n。

21. 输入一个小写字母，将字母循环后移 5 个位置后输出，如'a'变成'f'，'w'变成'b'。

22. 计算并输出 a+aa+aaa +…+aaa…a(n 个 a)之和。a 和 n 由键盘输入(例如 a=2，n=3 时，是求 2+22+222 之和)。

23. 一个数如果恰好等于它的因子之和，这个数就称为“完数”。例如，6 的因子是 1、2、3，6=1＋2＋3，则 6 是一个完数。编程找出 1000 以内的所有完数。

24. 打印出所有的“水仙花数”。所谓“水仙花数”是指一个三位数，其各位数字的立方和等于该数本身。例如，153 是一个“水仙花数”，因为 $153=1^3+5^3+3^3$。

25. 数列的第 1 项为 2，以后各项为它的前一项的 2 倍再加 3。编程求前 10 项之和。

26. 古代数学家张丘建在《算经》中提出百钱百鸡问题：1 只公鸡 5 元；1 只母鸡 3 元；3 只小鸡 1 元。用 100 元买 100 只鸡，公鸡、母鸡、小鸡各几只？请输出所有可能的组合。

27. 用二分法求方程 $2x^3-4x^2+3x-6=0$ 在(–10，10)内的根。算法为：设 $f(x)=2x^3-4x^2+3x-6$, $x_1=-10$，$x_2=10$，将(x_1,x_2)二等分，中点为 x_0，若 $f(x_0)=0$，则 x_0 是根；若 $f(x_0)*f(x_1)<0$，则根在(x_1,x_0)内，否则根在(x_0,x_2)内，将 x_0 赋给 x_2 或 x_1。重复上述过程，求新的 x_0，直到 $f(x_0)$的绝对值小于某个给定的小正数(如 10^{-5})为止。

28. 用牛顿迭代法求方程 $3x^3+5x^2+6x-7=0$ 在 1.5 附近的根。令 $f(x)=3x^3+5x^2+6x-7$，牛顿迭代法的公式为：$x_n=x_{n-1}-f^1(x_{n-1})/f^1(x_{n-1})$，其中 $f^1(x_{n-1})$表示 f(x)在 x_{n-1} 处的导数。

29. 猴子吃桃问题：猴子第一天摘下若干个桃，当即吃了一半，还不过瘾，又多吃了一个。第二天早上将剩下的桃吃掉一半，又多吃了一个。以后每天早上都吃了前一天剩下的一半零一个。到第 10 天早上再想吃时，见只剩下一个桃了。求第一天共摘了多少个桃。

5.5 习题参考答案

5.5.1 单项选择题答案

1. A　2. D　3. A　4. C　5. A　6. A　7. B　8. C　9. D　10. A

5.5.2 填空题答案

1. x=20,y=10,s=30　　2. 1,3,5,7,8　　3. 0,2,4,6,8,10
4. 0,0,1,1,2,****　　5. 1,0,0,2,0,0,　　6. 54321
7. 100　　20　　8. 17　　9. 6%9% 3%
10. 1　　11. b = i + 1　　12. i<=9　　j%3!=0

5.5.3 阅读程序写结果题答案

1. s=7　　2. 1　　3. sum=33　　4. *#*#*#$

5.
```
          1
         2  2
       3   3   3
     4   4   4   4
   5   5   5   5   5
 6   6   6   6   6   6
```

6.
```
*
**
***
****
```

7. i=1, i=2, i=4, i=5, i=6,　　8. 1　　9. Error
10. 1,1,2,1,2,2,3,1,3,2,3,3,　　11. 10　　12. 14　　13. 8
14. 37　　15. 30　　16. m=1　　17. 6　　18. 15

5.5.4 编写程序题参考答案

1.
```
#include <stdio.h>    /*求 1+(3/2)+(5/4)+(7/6)+…+(99/98)+(101/100)的值*/
main()
{float s=1.0;   int n;
```

```
   for(n=2;n<=100;n=n+2)   s=s+(float)(n+1)/n;
   printf("s=%f\n",s);
  }
```

2.
```
#include <stdio.h>   /*求 1-1/2+1/3-1/4+…+1/99-1/100 的值*/
   main()
   { int c,s; float sum=0;
    for (c=1;c<=100;c++)
      { if(c%2= =0)   s=-1;
        else   s=1;
        sum+=s*(1/(float)c);
      }
      printf("%f\n",sum);
    }
```

3.
```
#include <stdio.h> /*求 200 到 300 范围内各个位置的数字和为 12、乘积为 42 的所有数*/
  main()
  {int i,j,k,m,p,s,d;
   for(d=200;d<=300;d++)
     {i=d/100;  j=d/10%10;  k=d%10;  s=i+j+k;  p=i*j*k;
      if(s= =12 && p= =42)   printf("%6d",d);
     }
  }
```

4.
```
 main()   /*将正整数分解质因数。例如，90=2*3*3*5。*/
   {int n,i;  printf("\nplease input a number:\n");   scanf("%d",&n);
    printf("%d=",n);
    for(i=2;i<=n;i++)
      {while(n!=i)
          { if (n%i= =0)   { printf("%d*",i);   n=n/i;   }
           else   break;
          }
        }
    printf("%d",n);
    }
```

5.
```
main()    /*纸厚 0.1mm，将这张纸不断对折，对折多少次后其厚度超过(8848m)？*/
  {int count=0;      double sum=0.1;
    while(sum<=8848*1000)
         {sum=sum*2;      /*对折 1 次*/
          count++;         /*统计对折次数*/
          }
    printf("count=%d,sum=%lf\n",count,sum);
    }
```

6.
```
#include "math.h"   /*输出 101~200 范围内的所有素数，并统计素数的个数*/
    main()
    { int m,i,k,h=0,leap=1;
     for(m=101;m<=200;m++)
       {k=sqrt(m+1);
        for(i=2;i<=k;i++)   if (m%i= =0) {leap=0;break;}
```

```
        if (leap) { printf("%-4d",m); h++; }
        leap=1;
      }
    printf("\nThe total is %d",h);
  }
```

7.
```
main()   /*1 分、2 分、5 分硬币组成 1 角钱*/
{int cnt1,cnt2,cnt5,total=0;  /* cnt1,cnt2,cnt5 分别用来存储 1、2、5 分硬币的个数，total 存储组合数*/
 for(cnt1=0;cnt1<=10;cnt1++)
   for(cnt2=0;cnt2<=5;cnt2++)
     { if(10-cnt1-2*cnt2>=0)   cnt5=(10-cnt1-2*cnt2)/5;
      if((10= =cnt1+2*cnt2+5*cnt5)
        {total++;
         printf("\n%d:\t1 分--%d\t2 分--%d\t5 分--%d",total,cnt1,cnt2,cnt5);
        }
     }
   printf("\n 一共有%d 种组合\n",total);
}
```

8.
```
#include "stdio.h"     /*统计一行字符中英文字母、空格、数字和其他字符的个数*/
main()
{ char c;   int letters=0,space=0,digit=0,others=0;   printf("please input some characters\n");
  while((c=getchar())!=13) /*输入一行字符按 Enter 键结束，Enter 键的 ASCII 码值是 13*/
    { if (c>='a'&&c<='z'||c>='A'&&c<='Z')    letters++;
      else if (c= =' ')   space++;
      else if (c>='0'&&c<='9')   digit++;
      else   others++;
    }
  printf("all in all:char=%d space=%d digit=%d others=%d\n", letters,space,digit,others);
}
```

9.
```
# include <stdio.h>
main() /*逆序输出正整数各位数码*/
{unsigned int n;
 scanf("%d",&n);
 do
 {printf("%d",n%10);
  n=n/10;
  }while (n!=0);
}
```

10.
```
#include <stdio.h>   /*球从 100 米高度落下*/
void main()          /*每次落地反弹至原高度的一半*/
{float s=100,h=100; int i;
  for(i=1;i<=9;i++)   /*求第 10 次落地时小球共经过的距离*/
    {s+=h;   h/=2; }
    printf("%.0f",s);
}
```

11.
```
#include <stdio.h>
#include <math.h>
main()
{float s=1,t=1,i=3;
 t=-t/((i-1)*i);
 while(fabs(t)>=1e-5)
    {s+=t; i=i+2;
     t=-t/((i-1)*i);
    }
 printf("%.6f",s); /*求 1+(-1/3!)+(1/5!)+(-1/7!)+(1/9!)+…*/
} /*直到某项的绝对值小于 1e–5 时为止*/
```

12.
```
#include <stdio.h>
#include <math.h>
main() /*求 2、3、…、10 的平方根之和*/
 {int i;    double s=0.0;
  for(i=2;i<=10;i++)
      s+=sqrt(i);
  printf("%.10f\n",s);
 }
```

13.
```
#include <stdio.h>   /*盒中有红球 5 个、白球 5 个、黑球 10 个。*/
int main()   /*从盒中任取 8 个球，至少有一个红球，输出每种取法。取法有几种？*/
{int red,white,black, n=0;
 for(red=1;red<=5;red++)
    for(white=0;white<=5;white++)
       {black=8-red-white;
        if(black<=10&&black>=0)
          {printf("红球=%d,白球=%d, 黑球=%d\n", red,white,black);
           n++;
          }
       }
  printf("\n 共有%d 种取法\n",n);
 }
```

14.
```
#include <stdio.h>        /* a、b、c 为区间[1,100]的整数*/
main()                    /*统计使等式 c/(a*a+b*b)=1 成立的所有解的个数*/
{int n=0,a,b,c;           /*若 a=1、b=3、c=10 是 1 个解，则 a=3、b=1、c=10 也是 1 个解*/
 for(a=1;a<=100;a++)
    for(b=1;b<=100;b++)
       for(c=1;c<=100;c++)     if(c/(a*a+b*b)= =1)   n++;
 printf("%d",n);
 }
```

15.
```
#include <stdio.h>
main()/*若 a 的因子和等于 b，且 b 的因子和等于 a，且 a 不等于 b，则 a、b 为一对亲密数。*/
{int a,b,c,k;    /*如 220、284 是一对亲密数，284、220 也是一对亲密数。*/
for(a=6;a<=5000;a++)     /*在 6~5000 内找出所有的亲密数对*/
    {c=1;
     for(k=2;k<a;k++)   if(a%k= =0) c+=k;
     for(b=6;b<=5000;b++)
        {if(c= =b && a!=b)
            {c=1;
             for(k=2;k<b;k++)   if(b%k= =0) c+=k;
             if(c= =a) printf("%6d,%6d\n",a,b);
            }
        }
    }
 }
```

16.
```
#include <stdio.h> /*找一个被 3、5、7、9 除后，余数分别为 1、3、5、7 的最小数。*/
main()
{int n=1;
while(n)
   if (n%3= =1 && n%5= =3&&n%7= =5&& n%9= =7) beak;
   else   n++;
printf("%d",n);
}
```

17.
```
#include <stdio.h>   /*采用梯形法求函数 y=√x 在区间[0，5]上的定积分的近似值。*/
#include <math.h>
main()
```

```
{double i,a=0,b=5,p,h,s,sum=0;   int n=100;     h=(b-a)/n;
 for(i=1;i<=n;i++)
    {p=a+h*(i-1);
     s=(sqrt(p)+sqrt(p+h))*h/2;
     sum=sum+s;
    }
 printf("sum=%f",sum);
}
```

18.
```
#include <stdio.h> /* z=f(x,y)=10*cos(x-4)+5*sin(y-2) */
#include<math.h>   /*若 x，y 取值为区间[0,10]的整数*/
main()              /*找出使 z 取最小的 x 和 y*/
{int x,y,x1,y1; float z,z1;   x1=0; y1=0;
 z1=10*cos(x1-4)+5*sin(y1-2);
 for(x=0;x<=10;x++)
    for(y=0;y<=10;y++)
       {z=10*cos(x-4)+5*sin(y-2);
        if(z1>z){ x1=x; y1=y; z1=z; }
       }
 printf("%d,%d",x1,y1);
}
```

19.
```
/*输入 1 个整数*/
#include <stdio.h>
main()      /*输出它的位数*/
/*例如，若输入 5678 则输出 4*/
{int n,k=0;   scanf("%d",&n);
while( n!=0)
{k++;    n=n/10; }
printf("%d\n",k);
}
```

20.
```
#include <stdio.h>
#include <stdio.h>
main()
{int m=0,t=1,n;
 scanf("%d",&n) ;
 while(!(t<=n&&t*2>=n))
    {t=t*2;   m++; }
 printf("%d\n",m);
}
```

21.
```
#include <stdio.h>
main()
{char c; c=getchar();
 if(c<'v'&&c>'a')   c=c+5;
  else if (c>='v' && c<='z')   c=c-'v'+'a';
 putchar(c);
}
```

22.
```
#include <stdio.h>       /* s=a+(a*10+a)+((a*10+a)*10+a)+ …*/
main( )
{unsigned   a, n, i;    unsigned long   t, s;   s=0 ; t=0 ;
 printf("Pleas input a, n : ");   scanf("%u, %u", &a, &n);
 for (i=1; i<=n; i++)
    { t=t*10+a;   s=s+t;   }
 printf("s = %lu\n", s);
}
```

23.
```
# include <stdio.h>
main()
{ int m,i,s;
   for(m=2;m<1000;m++)
    {s=0;
     for(i=1;i<m; i++)   if ((m%i)= =0)   s=s+i;
     if (s= =m)
        {printf("%d 是一个完数，它的因子是：",m);
         for(i=0;i<m; i++)   if ((m%i)= =0)   printf("%d,",i);
        }
```

```
    }
}
```

24.
```
# include <stdio.h>
main()
{int i,j,k,n;
 for(n=100;n<=999;n++)
    {i=n/100;       /*分解出百位数码*/
     j=n/10%10;   /*分解出十位数码*/
     k=n%10;       /*分解出个位数码*/
     if(i*i*i+j*j*j+k*k*k= =n)   printf("%-6d",n);
    }
}
```

25.
```
# include <stdio.h>
main()
{ int a=2, k=1, s=0;
   while(k<=10)
      {s=s+a;   a=a*2+3;
       k++;
      }
 printf("%d\n",s);
}
```

26.
```
#include <stdio.h>
main()
{int x,y,z,j=0;
 for(x=0;x<=20;x++)     /*公鸡最多 20 只*/
    for(y=0;y<=33;y++)   /*母鸡最多 33 只*/
       { z=100-x-y;          /*小鸡数为 100 减去公鸡数和母鸡数*/
        if(z%3= =0&&x+y+z= =100&&5*x+3*y+z/3= =100)
             printf("\n 公鸡=%d     母鸡=%d   小鸡=%d", x,y,z);
       }
}
```

27.
```
# include <stdio.h>
# include <math.h>
main()
{float x0,x1,x2,f0,f1,f2;
 scanf("%f,%f", &x1,&x2);     /*输入 - 10 和 10*/
 f1=((2*x1-4)*x1+3)*x1-6;     f2=((2*x2-4)*x2+3)*x2-6;
 do
   {x0=(x1+x2)/2;     f0=((2*x0-4)*x0+3)*x0-6;   /*计算中点值和中点的函数值*/
    if (f0==0)   break;                          /*若(f0==0)，则 x0 是根*/
    if (f0*f1<0)    {x2=x0; f2=f0;}
    else   {x1=x0; f1=f0;}                  /*重新确定区间的端点，使得区间长度缩小一半*/
   } while (fabs(f0)>=1.0e-5) ;
 printf("根是%6.3f\n",x0);
}
```

28.
```
# include <stdio.h>
 #include <math.h>
 int main()
 {double x1,x2=1.5,f,fd;
   do
      {x1=x2;
        f=3*x1*x1*x1+5*x1*x1+6*x1-7;  /* f 为 f(x)在 x1 的函数值*/
        fd=9*x1*x1+10*x1+6;           /* fd 为 f(x)在 x1 的导数值*/
        x2=x1-f/fd;                   /*使用牛顿迭代公式求近似根 x2*/
      }while(fabs(x2-x1)>=1e-6);
   printf("所求近似根为%lf\n",x2);
 return 0;
}
```

29.
```
# include <stdio.h>
main()
{int day=9,x1,x2; x2=1;    /* x2=1 表示第 10 天早上只有 1 个桃子*/
 /*从第 10 天桃子数推出第 9 天桃子数，从第 9 天桃子数推出第 8 天桃子数*/
 /*一直推下去，最后从第 2 天桃子数推出第 1 天桃子数，共推了 9 次*/
while(day>0)
   {x1=(x2+1)*2;    /*前一天的桃子数是后一天桃子数加 1 后的 2 倍*/
    x2=x1;
    day--;
   }
printf("the total is %d\n",x1);
}
```

第6章 数　组

6.1 本章要点

6.1.1 一维数组

(1) 一维数组的定义格式如下：

```
数据类型　数组名[数组长度];
```

例如：double　a[10];

其中 a 为数组名，a 在内存中占用了 10 个连续的存储单元，a 包含 a[0]，a[1]，…，a[9]这 10 个数组元素，每个元素是一个双精度型变量。

(2) C 语言允许在定义数组的同时对数组进行初始化，示例如下：

```
double　a[10]={1,2,3,4,5,6,7,8,9,10};
```

注意：当大括号内提供的初值个数少于数组元素的个数时，系统会自动在后面用 0 值补足；当初值个数多于元素个数时，将导致编译时错误。数组定义之后，不能整体给数组赋值，只能一次给一个元素赋值。

(3) C 语言允许通过所赋初值的个数来定义数组的长度，示例代码如下：

```
int b[]={9,8,7,6};
```

这条语句相当于“int b[4]={9,8,7,6};”。

6.1.2 二维数组

(1) 二维数组的定义格式如下：

```
数据类型　数组名[长度 1][长度 2];
```

例如：int a[2][3];

该语句定义了有 6 个元素的整型数组 a，数组 a 占用内存 6 个连续的存储单元，按顺序这些存储单元的名字分别为 a[0][0]，a[0][1]，a[0][2]，a[1][0]，a[1][1]，a[1][2]。

注意：在 C 语言中，二维数组元素在内存中的存放方式为按行存放。

(2) 对二维数组进行初始化的方式有以下两种：

① 分行赋初值。示例代码如下。

```
int a[2][3]={{1,3,5},{2,4,6}};
```

② 按数组在内存中的排列顺序赋初值。示例代码如下：

```
int a[2][3]={1,3,5,2,4,6};
```

注意：对于第一种初始化方式，当某行中的初值个数(某个大括号中值的个数)少于该行元素个数时，系统自动(按行)补 0。而采用第二种初始化方式时，虽然系统为缺少初值的元素也自动赋 0 值，但这时各数组元素要按其在内存中的排列顺序得到初值。

(3) 在进行二维数组定义时，可以省略对第一维长度的说明，这时，第一维的长度由所赋初值的行数确定。示例代码如下：

```
int a[2][3]={1,3,5,2,4,6}; (或 a[2][3]={{1,3,5},{2,4,6}};)
```

这条语句与下面的定义形式等价：

```
int a[ ][3]={1,3,5,2,4,6}; (或 a[ ][3]={{1,3,5},{2,4,6}};)
```

6.1.3 字符数组

(1) 字符数组是指数组元素为字符型的数组，每个数组元素中存放一个字符。

字符数组的定义格式如下：

```
char  字符数组名[长度];    或    char  字符数组名[长度 1][长度 2];
```

(2) 字符数组赋初值。

① 将字符依次赋给数组中的各元素，示例代码如下：

```
char c[6]={'c', 'h', 'i', 'n', 'a'};
```

② 直接用字符串常量给数组赋初值，示例代码如下：

```
char c[6]= "china";
```

无论采用哪种方式，若提供的字符个数大于数组长度，系统将报错；若提供的字符个数小于数组长度，则在最后一个字符后添加'\0'作为字符串结束标志。

(3) 通过赋初值确定省略的数组长度。

方式一：char str[ ]={'C','H','I','N','A'};

这时 str 数组的长度为 5。

方式二：char str[ ]="china";

此时 str 数组的长度为 6，系统自动在"china"末尾加了一个'\0'。

注意：如果要将定义的字符数组作为字符串使用，应在方式一所有字符的后面加上一个'\0'字符。否则系统自动去查找最近的一个'\0'作为字符串的结束标志，这容易导致错误。如果只是作为字符数组使用，则不要求最后一个字符为'\0'。

6.2　本章难点

6.2.1　数组元素的下标

C 语言中数组元素下标的下限是固定的，总是为 0。需要注意的是，C 语言程序在执行过程中并不自动检验数组元素的下标是否越界。因此，如果考虑不周，下标可能从数组的两端越界，从而产生错误的引用或破坏其他存储单元中的数据，甚至破坏程序代码。

6.2.2　字符串和字符数组

C 语言中用字符'\0'作为字符串的结束标志。

字符串常量在内存中占用一串连续的存储单元，C 语言把字符串常量隐含地处理成一个字符型一维数组，该数组中的最后一个存储单元置字符'\0'。

每一个字符串常量单独占用一串连续的存储单元，即使两个字符串中的字符完全相同，也认为是两个不同的字符串，具有不同的起始地址。

不能通过赋值语句把一个字符串赋给字符数组名。

在字符数组中的有效字符后加上'0'，这时字符数组可作为字符串变量。

可以利用二维字符数组存放字符串。示例代码如下：

```
char s[10][8];    int i;
for (i=0;i<10;i++)    gets(s[i]);
```

可以通过键盘输入 10 个字符串，每个字符串不得超过 7 个字符。可以通过 s[i](0≤i<10)来引用这些字符串，当然也可以通过数组元素的形式来引用每个字符。

又如，char a[2][5]={"abcd","ABCD"};

将在 a 数组的第 0 行放入字符串"abcd"，在第 1 行放入字符串"ABCD"。

6.2.3　字符串处理函数

(1) 若要将一个字符串常量赋给一个字符数组，最好使用 gets()函数，不要用 scanf()函数。因为当字符串常量中含有空格时，用 scanf()函数会出错。例如，执行如下语句：

```
char str[20]; scanf("%s", str);
```

若从键盘输入“use　function”，只是将“use”赋给了 str。而使用 gets(str)，则不会出现这种错误。

(2) 比较两个字符串的大小，必须用 strcmp()函数，不能将两个字符串用关系运算符直接连接起来。例如，str1 和 str2 都是存储字符串的字符数组，则 str1>str2、str1<=str2、str1= =str2 等形式都是错误的。而要用“strcmp(str1,str2)>0”或“strcmp(str1,str2) ==0”等形式。

(3) 不能用赋值语句将字符串直接赋给字符数组，必须用strcpy()函数。例如，若有语句"char str1[30]; "ABCDE"; str2[30];"，要将str1中的字符串复制到str2中，使用"str2=str1;"则是错误的，而使用"strcpy(str2,str1);"才是正确的。

6.3 例题分析

例 6.1 给下面程序段中的数组元素输入数据，应在下画线处填入的是(　　)。

```
main()
{int a[21],x=0;
 for(;x<21;)   scanf ("%d", ________);
}
```

A. &a[x]　　B. &a[x++]　　C. &a[++x]　　D. a[x++]

解：答案A无法改变x的值，所以是错的；答案C无法给a[0]赋值，所以是错的；答案D缺少地址符号&，所以是错的；只有答案B是正确的。

例 6.2 以下程序的输出结果是(　　)。

```
main()
{int a[3][3]={{1,2},{3,4},{5,6}},i,j,s=0;
 for (i=1;i<3;i++)
     for (j=0;j<=i;j++)   s+=a[i][j];
 printf("%d\n",s);
}
```

A. 18　　B. 19　　C. 20　　D. 21

解：程序执行时，首先对整型数组a进行初始化，初始化后的数组a中的元素与数据的分配如图1-6-1所示。

	a[][0]	a[][1]	a[][2]
a[0]	1	2	0
a[1]	3	4	0
a[2]	5	6	0

图 1-6-1　a中元素与数据的分配

程序是对数组a的部分元素求和，采用二重循环，外层循环行标i从1到2，内层循环列标从0到i。因此，选中求和的元素为a[1][0]、a[1][1]、a[2][0]、a[2][1]、a[2][2]，共5个数组元素，故输出结果是18，应选A。

例 6.3 下列程序执行后的输出结果是(　　)。

```
main()
{char arr[2][4];
 strcpy(arr[0], "you");   strcpy(arr[1], "me");    arr[0][3]='&';
 printf("%s\n",arr);
}
```

A. you&me　　B. you　　C. me　　D. err

解：arr是一个2行4列的数组，由两个一维字符数组arr[0]和arr[1]构成。其存储情况如图1-6-2所示。

函数调用语句“strcpy(arr[0],"you");”是对一维字符数组arr[0]进行赋值，字符串"you"是4个字符，恰好赋给arr[0]的4个元素，此时arr[0][3]中的数据是'\0'；函数调用语句“strcpy(arr[1],"me");”是为一维字符数组arr[1]赋值，arr[1][2]中的数据是'\0'；赋值语句“a[0][3]='&';”执行后，arr[0][3]中的数据是'&'，整个二维字符数组arr中的字符数据存储如图1-6-2所示。此时，二维字符数组只有一个结束标志'\0'，C语言的字符串输出仅检查结束标志，因此该题的输出结果为you&me，应选A。

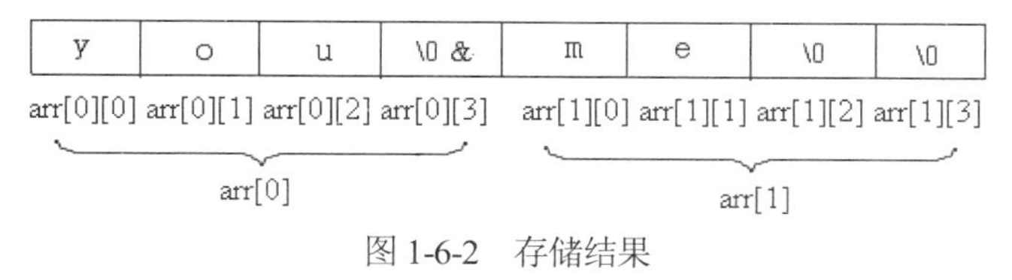

图1-6-2　存储结果

例6.4　对于如下程序，如果输入：abcd(回车)efgh(回车)，程序的输出为(　　)。

```
main()
{char s1[30],s2[30];    int i=0, j=0;
 scanf("%s",s1);   scanf("%s",s2);
 while(s1[i]!='\0')    i++;
 do
    {s1[i]=s2[j];
     i++;     j++;
    }while (s2[j-1]!='\0');
 printf("%s\n",s1);
}
```

A. abcd　　B. abcdefgh　　C. a b c d e f g　　D. abcdefg

解：程序首先定义了两个char型数组s1和s2。通过scanf函数读入两个字符串，分别赋值给数组s1和s2。通过while循环语句把变量i的值变为4。执行do-while循环后，把s2[0]中的值赋给s1[4]，把s2[1]中的值赋给s1[5]，把s2[2]中的值赋给s1[6]，把s2[3]中的值赋给s1[7]，把s2[4]中的值('\0')赋给s1[8]，即把数组s2包含的全部字符赋给数组s1的元素，并把'\0'放在所有字符的后面。最后，输出数组s1中的元素值。此时s1已是原来s1和s2连接后得到的新字符串，所以最后的输出结果应如答案B所示。

例6.5　编写程序查找一个矩阵中的鞍点，输出查找结果。矩阵的鞍点是矩阵的某个元素，该元素为矩阵所在行的最小元素，所在列的最大元素。

解：在矩阵的每行查找最小元素，在行最小元素所在的列，检查该元素是否为最大元素，即行最小元素集合和列最大元素集合的交集为矩阵的鞍点集合。程序代码如下。

```
#define   M   5
#define   N   6
main()
{int a[M][N], i,j,k,m,flag=0;
```

```
    printf("\n 请输入数组元素:\n");
    for (i=0;i<M;i++)
        for (j=0;j<N;j++)    scanf("%d",&a[i][j]);    /*输入数组元素*/
    for (i=0;i<M;i++)
     {m=0;
      for (j=1;j<N;j++)
          if (a[i][j]<a[i][m])    m=j;        /*查找当前行的最小元素，m 指向其列标*/
      for (k=0;k<M;k++)
          if (a[k][m]>a[i][m])    break;    /*判断该元素在其所在列是否最大*/
      if (k== M)      /*输出鞍点所在的行、列，以及元素的值*/
        {flag=1;    printf("\n 鞍点行、列为：%d,%d, 鞍点值为：%d", i,m,a[i][m]); }
      }
    if (flag==0)    printf("\n 找不到。");
   }
```

例 6.6 已知字符串 a 中的所有字符按升序排列，编写程序将字符串 b 中的每个字符插入 a 中，使插入后的字符串 a 中的所有字符仍按升序排列，然后输出插入后的字符串 a。

解：对于 b 中的每个字符 b[k]，按顺序将 b[k]与 a[0]、a[1]、a[2]……相比较，以确定 b[k]插入 a 中的位置。找到插入位置后，将 a 中该位置和该位置后面的所有字符平行后移一位，并将 b[k]放在该位置。程序代码如下。

```
#include "stdio.h"
main()
{ int i,j,k;    char a[40]= "bdefgijkkxyyyzz"， b[20]= "dnhuygjanbceyw";
  for (k=0;b[k]!='\0';k++)
     {j=0;
      while (b[k]>=a[j]&&a[j]!= '\0')    j++;
      for (i=strlen(a); i>=j; i--)    a[i+1]=a[i];    /*位置 j 以及后面的所有字符平行后移一位 */
      a[j]=b[k];
     }
  puts(a);
}
```

6.4 习 题

6.4.1 单项选择题

1. 关于数组的初始化，下列错误的是(　　)。

   A. char word[ ]={'C', 'h', 'i', 'n', 'a', '\0'};　B. char word[ ]={"China\0"};

   C. char word[ ]="China\0";　D. char word[ ]={China};

2. 关于下列数组的初始化，合法的语句是(　　)。

   A. int a[ ]="string";　B. int a[5]={0,1,3,4,5};

   C. char a="string";　D. char a[]={0,1,2,3,4,5}

3. 函数 strlen("abc\0def\0\40")的值是(　　)。

   A. 8　B. 3　C. 9　D. 7

4. 执行下列程序段后，str1 为(　　)。

```
char str1[7]="abcdef",str2[7]="ABC";
strcpy(str1,str2);
```

A. ABC\0ef\0　　B. ABC\0\0\0\0 C. abcdef\0　　D. abcABC\0

5. 下面程序段的输出结果是(　　)。

```
char str1[30]="abcdefg", str2[10]="456789";
strcat(str1, str2); puts(str1);
```

A. abcdefg　　B. 456789abcdefg
C. abcdefg　456789　　D. abcdefg456789

6. 已知“int a[5];”，则下面对 a 数组元素的引用正确的是(　　)。
A. a[5]　　B. a[2.5]　　C. a(3)　　D. a[5-5]

7. 以下给出二维数组的定义，其中正确的是(　　)。
A. int a[3][ ];　　B. float b(3,4);　　C. int a[2][3];　　D. float a[3,4];

8. 以下不能对二维数组进行正确初始化的语句是(　　)。
A. int a[ ][3]={1,2,3,4,5,6};　　B. int a[ ][3]={{1,2},{0}};
C. int a[2][3]={{1,2},{3,4},{5,6}};　　D. int a[2][3]={0};

9. 在 C 语言中，二维数组元素在内存中的存放顺序是(　　)。
A. 按行存放　　B. 按列存放　　C. 由用户自定义　　D. 随机决定

10. 已知“int a[ ][3]={0,1,2,3,4,5,6};”，则数组的第一维大小是(　　)。
A. 2　　B. 3　　C. 4　　D. 5

11. 若二维数组 a 有 m 列，则 a[i][j]与数组第一个元素相差(　　)个数组元素。
A. j*m+i　　B. i*m+j　　C. i*m+j-1　　D. j *m+ i -1

12. 已知“char a[20],b[20];”，则以下输入语句中正确的是(　　)。
A. gets(a,b);　　B. scanf("%s%s",a,b);
C. scanf("%c%c",a,b)　　D. gets("a");gets("b");

13. 下列说法正确的是(　　)。
A. 两个字符串所包含的字符个数相同时，才能对其进行比较
B. 字符个数多的字符串比字符个数少的字符串大
C. 字符串"SCHOOL"和字符串"SCHOOL　"(后有一空格)相等
D. 两个字符串比较大小，其大小关系由它们之间第一个不相同的字符的 ASCII 码决定

14. 下面程序段的运行结果是(　　)。

```
char str[5]={'a', 'b', '\0', 'c', '\0'};
printf("%s",str);
```

A. 'a' 'b'　　B. ab　　C. ab c　　D. 不同时间运行结果不同

15. 下面程序段的运行结果是(　　)。

```
char str1[7]="abcdef",str2[4]="ABC";
strcpy(str1,str2);
```

```
printf("%c",str1[5]);
```

A. \0　　B. e　　C. f　　D. 空格

16. 有如下变量声明语句，则下列说法正确的是(　　)。

```
char str1[ ]="abcdef";
char str2[ ]={'a', 'b', 'c', 'd', 'e', 'f'};
```

A. 字符数组 str1 和字符数组 str2 的长度相同。
B. 字符数组 str1 的长度大于字符数组 str2 的长度。
C. 字符数组 str1 的长度小于字符数组 str2 的长度。
D. 两个字符数组完全等价。

17. 已知“int a[3][4];”，则对数组元素的非法引用是(　　)。

A. a[0][2*1]　　B. a[1][3]　　C. a[4-2][0]　　D. a[0][4]

18. 已知有“int a[3][4]={0,0};”，则下面叙述中正确的是(　　)。

A. 数组 a 的每个元素都可得到初始值 0
B. 数组 a 的行下标值可以是 0、1、2、3
C. 数组 a 的 12 个元素在内存中是按列的顺序依次存放的
D. 只有元素 a[0][0],a[0][1]可得到初始值 0，其余元素的值都不能确定

19. 执行下面的语句后，若要判断 a 是否大于或等于 b，应该使用(　　)。

```
char a[10], b[10]; gets(a); gets(b);
```

A. a>=b　　B. strcmp(a，b)>=0
C. strupr(a)>= strlwr(b)　　D. strlen(a)>=strlen(b)

20. 已知“char str1[10],str2[10]="books"；”，则在程序中能够把字符串"books"赋予数组 str1 的正确语句是(　　)。

A. str1={"books"};　　B. strcpy(str1,str2);
C. str1="books";　　D. strcpy(str2,str1);

6.4.2　填空题

1. 定义“int a[5];”后， 数组 a 的下标值最大的元素是________。

2. 在定义数组时对数组元素赋值，称为数组的________。对全部数组元素赋初值时，可以不指定数组的_________。

3. 定义整型数组“int a[5];”后，a 数组占用内存________的 20 字节空间。

4. 对数组元素初始化时，给定的初值的个数可以________数组元素的个数。

5. 定义字符数组“str[20];”，用 str 存放一个字符串，这个字符串最多可以存放_____个字符，而最后一个数组元素 str[19]用来存放___________。

6. 函数 gets()的作用是____________，其结束标志是_____________。

7. 多维数组在内存中是___________存放的，若有数组 a[下标 1][下标 2][下标 3]，按数组在内存中的顺序遍历此数组时，变化最快的下标是_________。

8. 系统规定的字符串结束标志是___________。

9. 若有定义“char str[ ]= "China"; ”，与之等价但要求逐个字符赋初值的形式是______。

10. 有语句“char str[30]; scanf("%s",str);”，如果输入为“Prog　raming <CR> ↙”，则此字符数组中存放的字符依次为___________。

11. 有语句“char str[ ]="abcdefg"; printf("%4.5s",str);”，则输出结果为______。

12. 如下程序段输出的结果为_________________。

```
char str[20]={'a', 'b', 'c', 'd', '\40', 'e', 'f', 'g', '\0'};
int number=strlen(str);      printf("%d",number);
```

13. 对于字符串比较函数strcmp(str1,str2)，如果str1与str2相等，则其返回值为______；如果str1小于str2，则其返回值为____；如果str1大于str2，则其返回值为______。

14. 将如下矩阵元素的值存放在整型二维数组a中，其定义并初始化的形式为_______。

$$\begin{pmatrix} 1 & 0 & 0 \\ 0 & 1 & 0 \\ 0 & 0 & 1 \end{pmatrix}$$

15. 如下程序读入20个整数，统计非负数的个数，并计算非负数之和。

```
#include "stdio.h"
main()
  { int i,a[20],s,count;
    ______________;
    for(i=0;i<20;i++)     scanf("%d",__________);
    for(i=0;i<20;i++)
      { if (a[i]<0)     _____________
          s+=a[i];
          count++
        }
    printf("和为%d\t 个数为%d\n",s,count);
  }
```

16. 如下程序分别求出3阶矩阵(存储在数组a中)两条对角线上的各元素之和。

```
#include "stdio.h"
main()
 {int a[3][3]={1,2,3,4,5,6,7,8,9};
  int   sum1,sum2,k,j;
  sum1=sum2=0;
  for(k=0;k<3;k++)          ____________a[k][k];
  for(k=0;k<3;k++)
      for(________________;j--)
          if(_________)      sum2=sum2+a[k][j];
  printf("sum1=%d\tsum2=%d\n",sum1,sum2);
 }
```

6.4.3　阅读程序写结果题

1.
```
#include <stdio.h>
main()
{int   i,j, a[6]={12,4,17,25,27,16},b[6]={27,13,4,25,23,16};
```

```
for ( i=0; i<6; i++)
   {for (j=0;j<6;j++)     if (a[i]= =b[j])   break;
    if (j<6)   printf("%d",a[i]);
   }
}
```

2. #include <stdio.h> /*运行如下程序时，按顺序输入前 9 个自然数 1~9*/

```
main()
{int a[3][3], sum=0;   int i,j;
  for (i=0;i<3;i++)
      for (j=0;j<3;j++)   scanf("%d",&a[i][j]);
  for (i=0;i<3;i++)   sum=sum+a[i][i];
  printf("%d",sum);
}
```

3. # include<stdio.h>

```
main()
{int   a[8]={1,0,1,0,1,0,1,0},   i;
  for (i=2; i<8;i++)   a[i] = a[i]+a[i-1]+a[i-2];
  for (i=0; i<8;i++)     printf("%d",a[i]);
  printf("\n");
}
```

4. #include<stdio.h>

```
int a[3][4]={{1,2,3,4},{5,6,7,8},{9,10,11,12}};
main()
{int   s, k;
  for (s=0, k=0; k<3; k++)     s+=a[k][k];
  printf("%d   ", s);
  for (s=0, k=0; k<3; k++)     s+=a[k][3-k];
  printf("%d   ", s);
  for (s=0, k=0; k<4; k++)     s+=a[1][k];
  printf ("%d\n",s );
}
```

5. #include<stdio.h>

```
main()
 {int i;   int f[10]={1,1};
  for (i=2;i<10;i++)   f[i]=f[i-1]+f[i-2];
  for (i=0;i<10;i++)   printf("%4d",f[i]);
 }
```

6. #include<stdio.h> /*运行如下程序时输入：56 78 34 12 9 0 32 7 11 31。*/

```
main()
{ int a[10];   int i,j,k,t;    printf("input 10 numbers:\n");
   for (i=0;i<10;i++)   scanf("%d",&a[i]);    printf("\n");
  for(j=0;j<9;j++)
     for(k=0;k<10-j-1;k++)
        if (a[k]>a[k+1])   {t=a[k]; a[k]=a[k+1]; a[k+1]=t;}
  for(i=0;i<10;i++)   printf("%d   ",a[i]);   printf("\n");
}
```

7.
```
#include<stdio.h>   /*运行如下程序时输入：4  2  8  1  3  0  7  5  9  6。*/
main()
{int a[10];   int i,j,t,p;
 for(i=0;i<10;i++)   scanf("%d",&a[i]);
 for(i=1;i<=9;i++)
   {p=i-1;
    for(j=i;j<=9;j++)    if (a[j]<a[p])   p=j;
    if (p!=i-1)     {t=a[p];a[p]=a[i-1];a[i-1]=t;}
   }
 for(i=0;i<10;i++)   printf("%d   ",a[i]);   printf("\n");
}
```

8.
```
main()
{int a[3][2]={1,2,3,4,5,6}, b[2][3],i,j;
 for(i=0;i<=2;i++)
     for(j=0;j<=1;j++)   b[j][i]=a[i][j];
  for(i=0;i<=1;i++)
     {for(j=0;j<=2;j++)   printf("%5d",b[i][j]);    printf("\n");   }
}
```

9.
```
main()
{int i,j,r,c,max;   int a[3][4]={{1,3,4,2},{-10,9,12,0},{6,7,8,9}};     max=a[0][0]; r=0; c=0;
  for(i=0;i<3;i++)
     for(j=0;j<4;j++)
        if(a[i][j]>max)   {   max=a[i][j];   r=i;   c=j;   }
  printf("max=%d,row=%d,column=%d\n",max,r,c);
}
```

10.
```
main()
{char ch[12]="Beijing";   int i;
 for (i=0;i<12;i++)   printf("%c",ch[i]);   printf("**");
 for (i=0;ch[i]!='\0';i++)   printf("%c",ch[i]);   printf("**");
 printf("%s",ch);   printf("**");   puts(ch);
}
```

11.
```
#include<stdio.h>   /*运行如下程序时输入的 num 值为 5*/
main()
{int a[11]={1,4,6,9,13,16,19,28,40,100};   int t1,t2,num,end,i,j;
 printf("original array is :");
 for (i=0;i<10;i++)   printf("%5d",a[i]);
 printf("\n");   printf("please input a number:");    scanf("%d",&num);     end=a[9];
 if (num>end)    a[10]=num;
 else {for (i=0;i<10;i++)
          {if (num<a[i])
             {t1=a[i];   a[i]=num;
              for (j=i+1;j<11;j++)     {t2=a[j]; a[j]=t1; t1=t2; }
              break;
             }
          }
      }
   for (i=0;i<11;i++)   printf("%5d",a[i]);
```

```
    }
```

12.
```
# define   N   10
main()
  { int a[N]={10,9,8,7,6,5,4,3,2,1},i,temp;     printf("\n original array is:");
    for (i=0;i<N;i++)    printf("%4d",a[i]);
    for (i=0;i<N/2;i++)    { temp=a[i];   a[i]=a[N-i-1];   a[N-i-1]=temp; }
    printf("\n the latter array is:");
  for (i=0;i<N;i++) printf("%4d",a[i]);
  }
```

13.
```
main()
{int i,j,up,low,dig,spa,oth;   char text[3][80];   up=low=dig=spa=oth=0;
 for (i=0;i<3;i++)
   { printf("\n 输入第 %d 行字符\n",i+1);      gets(text[i]); }
 for (i=0;i<3;i++)
    for (j=0;j<80 && text[i][j]!='\0';j++)
      {if (text[i][j]>='A' && text[i][j]<='Z')   up+=1;
       else if (text[i][j]>='a' && text[i][j]<='z')   low+=1;
       else if (text[i][j]>='0' && text[i][j]<='9')   dig+=1;
       else if (text[i][j]==32)   spa+=1;   /*空格的 ASCII 码值为 32*/
       else   oth+=1;
      }
 printf("大写字符数:%d, 小写字符数:%d, 数字数:%d, ",up,low,dig);
 printf("空格数:%d,其他字符数:%d\n",spa,oth);
}
```

运行该程序时输入的 3 个字符串分别如下。

```
I am a student
123456*#*
ASDFG
```

14.
```
main()
{char a[5]={'*','*','*','*','*'};   int i,j,k;     char space=32; /*空格的 ASCII 码值为 32*/
 for (i=0;i<=4;i++)
   {printf("\n");
    for(j=1;j<=3*i;j++)    printf("%c",space);
    for (k=0;k<=4;k++)    printf("%3c",a[k]);
   }
}
```

15. 请写出下面程序所实现的功能。

```
#include <stdio.h>
 main()
 {char s1[80],s2[40];    int i=0,j=0;
  printf("\n please input string1:");     gets(s1);
  printf("\n please input string2:");     gets(s2);
  while (s1[i]!='\0')    i++;
  while (s2[i]!='\0')    s1[i++]=s2[j++];
  s1[i]='\0';     printf("\nthe result is : %s",s1);
 }
```

16.
```
#include <stdio.h>   /*运行如下程序时输入的数组s1是abd，数组s2是agd。*/
main()
{int i,result;   char s1[100],s2[100];
 printf("input string1:");   gets(s1);
 printf("\n input string2:");   gets(s2);
 i=0;
 while ((s1[i]==s2[i]) && (s1[i]!='\0'))   i++;
 if   (s1[i]= ='\0' && s2[i]= ='\0')   result=0;
 else   result=s1[i]-s2[i];
 printf(" %s and %s compare result is %d",s1,s2,result);
}
```

6.4.4 编写程序题

1. 整型一维数组中存放着互不相同的 10 个数。从键盘输入一个数，输出与该数相同的数组元素的下标。

2. 请输入若干学生的成绩(用负数结束输入)，计算其平均成绩，并统计不低于平均分的学生的人数。

3. 求一个 6×6 矩阵中大于零的元素之和。

4. 请将一维整型数组的元素值逆序存放，然后输出。

5. 请用筛选法求 100 以内的素数(算法：从 2 到 10(100 的平方根)之间有 9 个数，按顺序每次从这 9 个整数中取出一个数，让取出的这个数去除大于该数且小于或等于 100 的每个数，凡能被整除的不是素数，将其筛掉，剩下的就是素数)。

6. 请用选择法对 10 个实数进行从小到大的排序。

7. 从键盘输入一个数 b，将有 N 个元素的数组 a 中与 b 相同的数都删除。被删除的数组元素的位置由后面的数组元素依次前移一位来填补。输出删除 b 之后的数组元素。

8. 请从 10 个字符串中查找最长的字符串。每个字符串不超过 80 个字符。

9. 判断某个单词在一个英文句子中是否出现。

10. 请输入一行英文，请将其中的空格用'*'取代，然后输出。

11. 请将一个字符串中的大写字母和数字复制到另一个字符串中，然后分别输出。

12. 请输入 10 种商品的名称和单价，按单价对这 10 种商品从小到大进行排序，然后输出排序后的商品的名称和单价。

13. 利用二维数组输出如下矩阵。

```
1  1  1  1  1
2  1  1  1  1
3  2  1  1  1
4  3  2  1  1
5  4  3  2  1
```

14. 将一维数组元素的最大值与第一个数组元素的值交换，最小值与最后一个数组元素的值交换。

15. 分别统计字符串中英文字母内的各元音字母的个数。

16. 输入一个字符串(小于 80 个字符)，按字母出现的次序输出其中所出现过的大写英文字母。对于重复出现的大写字母只输出一次，如运行时输入字符串"FONTNAME and FILE"，应输出"F O N T A M E I L"。

17. 输入一个字符串(小于 80 个字符)，将字符串中的所有非英文字母删除后输出。如输入字符串"aBc123+xYz*5"，应输出"aBcxYz"。

18. 两个一维数组长度相同，将它们对应位置的元素值相加后输出。

19. 将二维数组 a 的每一行均除以该行上绝对值最大的元素。

20. 数组元素 x[i]、y[i]表示平面上某点的坐标，计算所有各点间的最短距离。

21. 求一维数组 x 的 10 个元素的平均值 v，找出与 v 差值最小的数组元素。

22. 某公司有 100 个员工，将每个员工的年龄、身高、体重、工资存放在二维数组中，计算并输出所有员工的年龄、身高、体重、工资的平均值。

23. 输入 10 个国家的英文名称，然后按字母顺序从小到大排列输出。

24. 将 100 件商品的英文名称存储在数组中，输出名称的第 3 个字符是 b 的所有商品的英文名称，再输出名称的长度小于 6 个字符的商品的英文名称。

25. 输入两个一维数组的元素值(每个数组的元素值不重复)，输出在两个数组中都出现的元素值(若将每个数组看作一个集合，则输出的是两个集合的交集)。

26. 将两个一维数组分别看作两个集合(元素值不重复)，输出两个集合的并集。

27. 统计选票。假设有 1000 张选票，有 10 个候选人，候选人编号从 1 到 10。每张选票可以写 1 到 10 的某个数码，写 1 表示选第 1 号候选人，写 2 表示选第 2 号候选人，…，写 10 表示选第 10 号候选人。

28. 将字符串循环右移 n 位。例如：对于字符串“ABCDEFGHIJK”，若 n=2，表示循环右移 2 位，得到字符串“JKABCDEFGHI”。若 n=3，表示循环右移 3 位，得到字符串“IJKABCDEFGH”。请从键盘输入一个字符串和 n 值，输出右移之后的字符串。

6.5 习题参考答案

6.5.1 单项选择题答案

1. D　2. B　3. B　4. A　5. D　6. D　7. C　8. C　9. A　10. B

11. B　12. B　13. D　14. B　15. C　16. B　17. D　18. A　19. B　20. B

6.5.2 填空题答案

1. a[4]　　2. 初始化　第一维长度

3. 连续　　4. 少于或等于

5. 19　\0　　6. 从键盘输入一个字符串给字符数组　回车符

7. 一维线性　下标 3　　8. '\0'

9. char str[ ]={ 'C', 'h', 'i', 'n', 'a', '\0'};

10. 'P', 'r', 'o', 'g', '\0'

11. abcde 12. 8

13. 0 一负整数 一正整数

14. int a [3][3]={{1},{0,1},{0,0,1}};

15. s=count=0; &a[i]; continue;

16. sum1=sum1+ j=2;j>=0 k+j==2

6.5.3 阅读程序写结果题答案

1. 4 25 27 16 2. 15

3. 1 0 2 2 5 7 13 20 4. 18 21 26

5. 1 1 2 3 5 8 13 21 34 55

6. 0 7 9 11 12 31 32 34 56 78

7. 0 1 2 3 4 5 6 7 8 9

8. 1 3 5
   2 4 6

9. max=12, row=1, column=2

10. Beijing**Beijing**Beijing**beijing

11. original array is:1 4 6 9 13 16 19 28 40 100
    please input a number: 5
    1 4 5 6 9 13 16 19 28 40 100

12. original array is: 10 9 8 7 6 5 4 3 2 1
    the latter array is : 1 2 3 4 5 6 7 8 9 10

13. 大写字符数：6, 小写字符数：10, 数字数：6, 空格数：3, 其他字符数：3

14.
```
*  *  *  *  *
   *  *  *  *  *
      *  *  *  *  *
         *  *  *  *  *
            *  *  *  *  *
```

15. 可将两个字符串连接起来(不用函数 strcat)。

16. abd and agd compare result is -5

6.5.4 编写程序题参考答案

1.
```
main()
 {int b, k, a[10]={7,4,8,6,3,2,0,9,1,5};   scanf("%d", &b);
  for(k=0; k<10; k++)
     if (a[k]= =b)   {printf("%d",k); break;}
 }
```

2.
```
#define  N  50  /*不妨设学生数少于 50*/
main()
{int i,n=0,count=0;    float a[N],score,total=0, ave;
 printf("请输入一个学生的成绩:");  scanf("%f",&score);
```

```
  while (score>=0)
    {a[n++]=score;   total=total+score;
     printf("请输入下一个学生的成绩:");   scanf("%f",&score);
     }
  ave=total/n;
  for (i=0;i<n;i++)     if (a[i]>=ave)   count++;
  printf("ave=%f,count=%d\n",ave,count);
 }
```

3.
```
#include "stdio.h"
  #define N   6
  main()
  {float a[N][N],sum=0;   int i,j;
   for(i=0;i<N;i++)
       for(j=0;j<N;j++)   scanf("%f",&a[i][j]);
   for(i=0;i<N;i++)
     for(j=0;j<N;j++)   if (a[i][j]>0)   sum=sum+a[i][j];
   printf("%f\n",sum);
  }
```

4.
```
#include "stdio.h"
  #define   N   10   /*不妨设 N 为 10，N 为其他值也可以*/
  main()
  { int a[N]={9,8,7,6,5,4,3,2,1,0},i,temp;
   for(i=0;i<N;i++)   printf("%d",a[i]);
   for(i=0;i<N/2;i++) /*第 1 个元素值与倒数第 1 个元素值交换, 第 2 个元素值与倒数第 2 个元素值交换*/
        { temp=a[i]; a[i]=a[N-i-1]; a[N-i-1]=temp; } /*如此交换，直到数组的中间元素*/
   printf('\n');
   for(i=0;i<N;i++) printf("%d",a[i]);
  }
```

5.
```
# include "math.h"
  main()
  {int i,j,n,a[101];
   for (i=1;i<=100;i++)   a[i]=i;
   for (i=2;i<sqrt(100);i++)
       for (j=i+1;j<=100;j++)     /*筛掉非素数, 使其对应的数组元素值为 0*/
         if (a[i]!=0 && a[j]!=0 && a[j]%a[i]==0)   a[j]=0;
   for (i=2;i<=100;i++)
       if (a[i]!=0)   printf("%4d", a[i]);     /*非 0 数组元素为素数*/
   }
```

6.
```
#include "stdio.h"
   #define N 10
   main()
   { int i, j, min;  float a[N] , tem;
    for(i=0;i<N;i++)   scanf("%f",&a[i]);
    for(i=0;i<N;i++)   printf("%f，",a[i]);   printf("\n");
    for(i=0;i<N-1;i++)
      { min=i;
```

```
        for(j=i+1;j<N;j++)
            if(a[min]>a[j])   min=j;
        tem=a[i]; a[i]=a[min]; a[min]=tem;
       }
   for(i=0;i<N;i++)   printf("%f， ", a[i]);
  }
```

7.
```
# define   N   10      /*不妨设数组有 10 个元素*/
 main()
{int k,b,m,n, a[N];   k=0;   printf("请输入数组 a 的 10 个数\n");
while (k<N)
    {scanf("%d",&a[k]);   k++; }
for (k=0; k<N; k++)   printf("%4d",a[k]);      printf("\n");
printf("请输入被删除的数\n");   scanf("%d",&b);   k=0;   n=0;
while(k<N)
  {if (b= =a[k])
     { n++;          /* n 中存放被删除元素的个数* /
      for (m=k; m<N; m++) a[m]=a[m+1];   /*删除 a[k],让 a[k]后面的元素前移一位*/
     }
   else   k++;
  }
for (k=0;k<N-n;k++)   printf("%4d",a[k]);   /*打印删除后剩余的所有数*/
}
```

8.
```
# include "stdio.h"
# include "string.h"
# define   N   10
main()
{char str[N][80],ch[80];     int i,sp;
 for (i=0;i<N;i++)   gets(str[i]);
 sp=0;   strcpy(ch,str[0]);
 for (i=1;i<N;i++)
     if (strlen(ch)<strlen(str[i]))   {sp=i; strcpy(ch,str[i]); }
 printf("下标为%d 的字符串%s 最长，有%d 个字符\n",sp,ch,strlen(ch));
}
```

9.
```
# include "stdio.h"
 main()
 {int flag=0,i=0,k;   char work1[80],work2[20],sty[20];
  printf("请输入英文句子:");   gets(work1);      /*输入句子*/
  printf("请输入一个单词:") ;   gets(sty) ;       /*输入单词*/
  do
    { k=0;
     while(work1[i]==32)   i++;      /*考虑单词前的空格，空格的 ASCII 码值为 32*/
     while (work1[i]!='\0' && work1[i]!=32)
         {work2[k++]=work1[i];   i++; } /*从句子中取出一个单词，存储在 work2 中*/
     work2[k]='\0';
     if (strcmp(work2,sty)= =0)       /*将取出来的单词与输入的单词比较*/
        {flag=1; break;}              /*找到输入的单词后，用 break 结束 do-while 循环*/
    }while (work1[i]!='\0');
 if (flag= =1)   printf("单词%s 出现于英文句子里\n", sty);
```

```
    else    printf("单词%s 没有出现于英文句子里\n",sty);
  }
```

10.
```
# include "stdio.h"
 main()
{int i=0,k;  char str[20];  gets(str);
 for(k=0; str[k]!='\0'; k++)  if (str[k]==' ')   str[k]= '*';
 puts(str);
}
```

11.
```
# include "stdio.h"
# include "string.h"
main()
{ char a[80], b[80];    int k,n=0;
   gets(a);
   for (k=0;a[k]!='\0';k++)
        if ('A'<=a[k] && a[k]<='Z'|| '0'<=a[k] && a[k]<='9')   b[n++]=a[k];
   b[n]='\0';
   puts(a);   puts(b);
}
```

12.
```
# include "string.h"
main()
{ char mc[10][30],huan[30];   int i,j,k,dj[10];
  for (i=0;i<10;i++)                 /*输入 10 种商品的名称和对应的单价*/
    { gets(mc[i]);   scanf("%d", &dj[i]); }
  for (i=0;i<10-1;i++)                         /*对单价从小到大排序*/
       for (j=i+1;j<10;j++)
          if (dj[i]>dj[j])
            {k=dj[i]; dj[i]=dj[j]; dj[j]=k;                            /*交换单价*/
             strcpy(huan,mc[i]); strcpy(mc[i],mc[j]); strcpy(mc[j],huan);   /*交换商品名称*/
            }
   for (i=0;i<10;i++)             /*输出排序后的商品名称和按顺序与之对应的单价*/
        { puts(mc[i]);   printf(", %d\n", dj[i]); }
}
```

13. 矩阵主对角线及其上方(行下标小于或等于列下标)的元素值都是 1。第 1 列的元素按顺序是从 1~5 的 5 个自然数，主对角线下面其他列的每个元素等于其左上方的元素值。

```
#include "stdio.h"
main()
{int i,j,a[6][6];   /*没有使用下标为 0 的元素*/
 for (i=1;i<=5;i++)
   for (j=1;j<=5;j++)
     {if (i<=j) a[i][j]=1;   /*给对角线及其上方的元素赋值*/
      if (j==1) a[i][j]=i;   /*给第一列元素赋值*/
     }
  for (i=2;i<=5;i++)
    for (j=2;j<=5;j++)
       if (i>j)   a[i][j]=a[i-1][j-1];   /*给主对角线下面非第 1 列的元素赋值*/
  for (i=1;i<=5;i++)
```

```
    {for (j=1;j<=5;j++)    printf("%5d",a[i][j]);
     printf("\n");
    }
}
```

14. main()

```
{int a[10], k, max, min, b1, b2, t;              /*不妨设数组有 10 个元素*/
 for (k=0;k<10;k++)    scanf("%d", &a[k]);
    max=min=a[0];
    for (k=1;k<10;k++)
        {if (a[k]>max)   {max=a[k]; b1=k;}
         if (a[k]<min)   {min= a[k]; b2=k;}
        }
 t=a[0];   a[0]=a[b1];   a[b1]=t;
 t=a[9];   a[9]=a[b2];   a[b2]=t;
 for (k=0;k<10;k++)    printf("%d,", a[k]);
}
```

15.

```
#include <stdio.h>
#include <ctype.h>
main()
{char a[80];   int n[5]={0},i;    gets(a);
 for(i=0; a[i]!='\0'; i++)
    switch(tolower(a[i]))          /*使用函数 tolower 将大写字母变成小写字母*/
      {case  'a'  :  n[0]++; break;
       case  'e'  :  n[1]++; break;
       case  'i'  :  n[2]++; break;
       case  'o'  :  n[3]++; break;
       case  'u'  :  n[4]++;
      }
 for(i=0;i<5;i++)   printf("%d\n",n[i]);
}
```

16.

```
#include <stdio.h>
main()
{char x1[80],x2[80],x3[27];   int i,j=0;    gets(x1);
  for(i=0; x1[i]!='\0'; i++)              /*将 x1 中的大写字母复制到 x2 中*/
       if (x1[i]>='A' && x1[i]<='Z')   x2[j++] =x1[i];
  for(i=0; x2[i]!='\0'; i++)              /*将 x2[i]后面的与 x2[i]相同的大写字母变为空格*/
       for(j=i+1;!='\0'; j++)             /*空格的 ASCII 码值为 32*/
            if (x2[j] == x2[i] )   x2[j] =32;
  j=0;              /*下面的循环将 x2 中的非空格(即不重复的大写字母)复制到 x3 中*/
  for(i=0; x2[i]!='\0'; i++)   if (x2[i]! =32)   x3[j++]=x2[i];
   x3[j]= '\0';
   puts(x3);
}
```

17.

```
#include <stdio.h>
#include <string.h>
main()
{   int i, k=0, n;   char str1[80], str2[80];    gets(str1);   n=strlen(str1);
```

```
    for(i=0; i<n; i++)        /*将 str1 中的英文字母复制到 str2 中*/
      if (str1[i]>='a' && str1[i]<='z' || str1[i]>='A' && str1[i]<='Z')    str2[k++]=str1[i];
    str2[k]='\0';
    puts(str2);
  }
```

18.
```
#define  N  10
#include <stdio.h>
main()
{int a[N], b[N], k;
  for(k=0; k<N; k++)      scanf("%d, %d ", &a[k], &b[k]);
  for(k=0; k<N; k++)    printf("%d \n", a[k]+b[k]);   }
}
```

19.
```
#include <stdio.h>
#include <math.h>
main()
{float x, a[3][3]={{1.3, 2.7, 3.6},{2, 3, 4.7},{3, 4, 1.27}};   int i,j;
 for(i=0;i<3;i++)
   {x=a[i][0];
    for(j=1;j<3;j++)   if(fabs(x)<fabs(a[i][j]))   x=a[i][j];   /* x 中存放绝对值最大的元素*/
    for(j=0;j<3;j++)   a[i][j]= a[i][j]/x;
   }
 for(i=0;i<3;i++)
   {for(j=0;j<3;j++)   printf("%10.6f",a[i][j]);
    printf("\n");
   }
}
```

20.
```
#include <stdio.h>
#include <math.h>
#define  LEN(x1,y1,x2,y2)   sqrt((x1-x2)*(x1-x2)+(y1-y2)*(y1-y2))
main()
{int i,j; float c,minc;
 float x[10]={1.1, 3.2, -2.5, 5.67, 3.42, -4.5, 2.54, 5.6, 0.97, 4.65};
 float y[10]={-6, 4.3, 4.5, 3.67, 2.42, 2.54, 5.6, -0.97, 4.65, -3.33};
 minc=LEN(x[0],y[0],x[1],y[1]);
 for(i=0; i<9; i++)           /*需要根据排列组合知识进行计算*/
    for(j=i+1;j<10 ;j++)   /*点(x[i],y[i] )与排列在它后面的每个点(x[j],y[j])按公式计算距离*/
      { c=LEN(x[i],y[i],x[j],y[j]);
        if(minc>c)   minc=c;
      }
  printf("%f", minc);
}
```

21.
```
#include <math.h>
main()
{ int i, k=0;   float d,v=0, x[10]={7.23,-1.5,5.24,2.1,-12.45,6.3,-5,3.2,-0.7,9.81};
  for(i=0;i<10;i++)   v+=x[i];
  v=v/10;   d=fabs(x[0]-v);
  for(i=1;i<10;i++)
```

```
      if(d>fabs(x[i]-v))  { d=fabs(x[i]-v);   k=i; }
   printf("%.5f", x[k]);
  }
```

22.
```
#include <stdio.h>
main()
{ int i, j,s1,s2,s3,s4, a[100][4];
  for(i=0; i<100; i++)   /*100个员工的年龄、身高、体重、工资存放二维字符数组a中*/
    for(j=0; j<4; j++)  scanf("%d", &a[i][j]);  /*顺序输入员工的年龄、身高、体重、工资*/
  for(i=0; i<100; i++)  s1=s1+a[i][0];   /*计算所有员工的年龄总和*/
  for(i=0; i<100; i++)  s2=s2+a[i][1];   /*计算所有员工的身高总和*/
  for(i=0; i<100; i++)  s3=s3+a[i][2];   /*计算所有员工的体重总和*/
  for(i=0; i<100; i++)  s4=s4+a[i][3];   /*计算所有员工的工资总和*/
  printf("年龄、身高、体重、工资的平均值为%f, %f, %f,%f",
         s1/100.0, s2/100.0, s3/100.0, s4/100.0);
}
```

23.
```
#include <stdio.h>
#include <string.h>
main()
{ int i,j,p;   char st[20], cs[10][20];   /*二维字符数组cs用来存储10个国家名*/
  for(i=0; i<10; i++)  gets(cs[i]);   /*输入每个国家名，存放在二维字符数组cs的每一行*/
  for(i=0; i<9; i++)           /*使用选择法排序*/
    { p=i; strcpy(st,cs[i]);
      for(j=i+1; j<10; j++)
         if(strcmp(cs[j],st)<0)   {p=j; strcpy(st,cs[j]);}
      if(p!=i) {strcpy(st,cs[i]); strcpy(cs[i],cs[p]); strcpy(cs[p],st); }
    }
  for(i=0; i<10; i++)   puts(cs[i]);
}
```

24.
```
# include <stdio.h>
# include <string.h>
main()
{int k;   char str[100][80];   /*设每个英文名称的长度小于80*/
 for(k=0; k<100; k++)   gets(str[k]);
 for(k=0; k<100; k++)
   {if (str[k][2]= ='b')   puts(str[k]);
    if (strlen(str[k])<6)   puts(str[k]);
   }
}
```

25.
```
# include <stdio.h>
#define   N   100   /*不妨设数组有100个元素*/
main()
{ int a[N], b[N], c[N], k, m, n=0, x;
   for(k=0; k<N; k++)   scanf("%d", &a[k]);
   for(k=0; k<N; k++)   scanf("%d", &b[k]);
   for(k=0; k<N; k++)
      {x=a[k];
       for(m=0; m<N; m++)   if (x= =b[m])   c[n++]=x;
```

```
      }
    for(k=0; k<n; k++)
      {printf("%6d", c[k]);
       if (k%10= =0)   printf("\n“);
      }
  }
```

26.
```
# include <stdio.h>
#define  N   100             /*不妨设两个已知的 a,b 数组各有 100 个元素*/
main()                       /*存放并集中元素的 c 数组最多有 200 个元素*/
{int a[N], b[N], c[N+N], k, m, n=N, x, mark;
 for(k=0; k<N; k++)   scanf("%d", &a[k]);
 for(k=0; k<N; k++)   scanf("%d", &b[k]);
 for(k=0; k<N; k++)   c[k]=b[k];
 for(k=0; k<N; k++)
   { x=a[k];   mark=0;
    for(m=0; m<N; m++)   if (x= =b[m])   { mark=1;   break; }
    if (mark= =0)   c[n++]=x;
   }
 for(k=0; k<n; k++)     printf("%6d", c[k]);
}
```

27.
```
# include <stdio.h>
#define  N   11
main()
{int i, k =1, vote, a[N]={0};   /*a[i]中存放的是第 i 号候选人的得票数。没有使用 a[0]*/
 while (k<=1000)      /*循环每次输入 1~10 中的某个数码，表示某个候选人的得票*/
   {printf("请输入选票上的数码：");   scanf("%d", &vote);
    for (i=1; i<N; i++)   if (vote = =i)   a[i]++;
    k++;
   }
 for(i=1; i<N; i++)   printf("第%d 位候选人得票%d 张。\n", i, a[i]);
}
```

28.
```
# include <stdio.h>
main()
{char ch, a[80];   int i, j, k, n;   gets(a);     /*输入一个字符串*/
 k=strlen(a);   scanf ("%d", &n);              /*输入右移的位数*/
 for (i=1; i<=n; i++)   /*字符串每次循环向右移动一次*/
   {ch=a[k-1];        /*a[k-1]存放的是数组的最后一个字符,将其暂时存放在 ch 中*/
    for (j=k-2; j>=0; j--) a[j+1]=a[j];   /*数组元素后移一位，放在 a[k-1]中的字符被移出去*/
    a[0]=ch;          /*将右移出去的字符存放在字符串的最前面*/
    }
 puts(a);
}
```

第7章 函　数

7.1 本章要点

7.1.1 函数的定义

C语言程序由函数组成，C语言本身提供了标准库函数和必须包含的main()函数。除此之外，用户还可以根据需要定义任意多个自定义函数。这些自定义函数可以与main()函数一起放在同一个源文件中，也可以分别放在不同的源文件。

函数定义的一般格式如下。

格式1：

```
类型名  函数名(数据类型标识 形参1, 数据类型标识 形参2，…)
        {说明语句和执行语句}
```

格式2：

```
类型名  函数名(形参列表)
              形参说明;
        {说明语句和执行语句}
```

注意：

(1) 函数的定义在程序中都是平行的，不允许在一个函数内部再定义一个函数。

(2) 函数名前的类型名用来说明函数值的类型，可以是任何简单类型，如整型、字符型、双精度型和指针型等。当函数值为整型时类型名可以省略。当函数只完成特定操作而不需要返回值时，可以使用类型名void。

(3) 函数名和各个形参都是由用户命名的合法标识符。在同一程序中，函数名必须唯一，形参名相当于函数的局部变量，只需要在该函数中唯一即可，不同函数的形参名可以相同。

(4) 在定义函数时，括号内的每一个形参都必须独立声明其所属类型，多个参数之间用逗号分隔。例如，对于 int add(int a, int b)，不能写成 int add(int a,b)。当所定义的函数没有参数时，函数名后面的括号不能省略。

(5) 函数体包括说明语句部分和执行语句部分，用一对大括号进行界定。在没有特殊说明时，函数体内定义的变量均为局部变量，它们只在函数执行时有效。因此，不同函数中的局部变量可以同名，互不干扰；执行语句部分是完成函数功能的实体，由若干条语句构成，经编译后，形成指令序列。

(6) 函数体可以为空，即空函数。

7.1.2 函数的参数和返回值

函数的参数包括形式参数(简称形参)和实际参数(简称实参)两种。

形参是指函数定义时指定的参数，相当于函数的局部变量；实参是指函数调用时由主调函数向被调函数传递的参数值。

函数的返回值是通过函数调用使主调函数得到一个确定的有意义的值，该值通过 return 语句返回。

注意：

(1) 实参可以是常量、变量或表达式。

(2) 在被定义的函数中必须指定形参类型。

(3) 实参与形参类型应一致或赋值兼容。

(4) C 语言中规定，实参对形参的数据传递方向是“值传递”，即单向传递。

(5) 一个函数中可以包含多个 return 语句，但每一次调用只执行其中一个语句。

(6) 当 return 语句中表达式值的类型与指定的函数返回值类型不一致时，则以函数返回值类型为准，系统会自动进行类型转换。

7.1.3 函数调用

(1) 函数调用的一般格式如下。

```
函数名(实参列表)
```

如果函数为无参函数，则调用时实参列表为空，但小括号不能省略。

(2) 函数调用的方式有两种。

① 函数语句方式，作为一条独立的语句，完成特定操作。

② 函数表达式方式，函数调用出现在任何允许表达式出现的地方，参与运算。

(3) 主调函数与被调函数之间数据传递的方式。C 语言中规定，实参与形参之间只有“按值”传递一种方式，即实参的值可以传给形参，但形参的值不能传给实参。

① 常量、普通变量或表达式作为实参，相应的形参应是同类型的变量，形参的变化不会影响实参。

② 变量的地址值或指针变量作为实参，相应的形参应是同类型的指针变量。对于这种地址值的传递，形参内容的改变会影响实参变量。

(4) 函数的嵌套调用。所谓函数的嵌套调用，即一个函数在作为被调函数的同时，也作为主调函数调用另一个函数。

(5) 函数的递归调用。函数的递归调用是函数嵌套调用的一种特例，即一个函数在完成函数功能时，直接或间接地调用其自身，前者称为直接递归调用，后者称为间接递归调用。

7.1.4 函数声明

除 main()函数以外，用户自定义函数应该遵循“先声明，后调用”原则。如果函数的定义在其调用之后，应该在程序的前面对该函数进行声明。

如果被调用函数的定义出现在主调函数的前面，则被调用函数可以不做声明。

函数声明的一般格式如下。

```
类型标识符 被调用函数的函数名(参数类型 1, 参数类型 2, …);
类型标识符 被调用函数的函数名(参数类型 1 参数名 1, 参数类型 2 参数名 2, …);
```

7.1.5 数组名作为函数参数

数组名作为函数参数，传递的是实参数组所占内存单元的首地址。被调用函数可以通过形参数组间接引用实参数组。因此，可以通过修改形参数组达到修改实参数组的目的。

7.1.6 全局变量和局部变量

局部变量也称内部变量，是指在一个函数内部定义的变量，这类变量只在本函数作用域内有效，即只有本函数才能引用它们。局部变量只在函数被调用时分配内存空间，函数调用结束时，系统将自动回收该函数内定义的全部局部变量所占用的内存空间。

所谓全局变量，也称外部变量，因其定义在函数的外部，其作用域是从定义的位置开始到本源程序文件结束为止。

注意：如果在同一源程序文件中全局变量与局部变量同名，则在局部变量的作用域内，全局变量会被“屏蔽”，即不能被访问。

7.1.7 变量的存储类别

存储类别是指数据在内存中存储的方法，从变量值存在的时间(生命周期)角度，可以将变量的存储方式分为两类：静态存储类和动态存储类，包括自动的(auto)、静态的(static)、寄存器的(register)和外部的(extern)这 4 种。

(1) 自动(auto)变量是局部变量的默认存储类别，在定义该类变量时不必指出其存储类别，这也是使用最多的一种存储类别。该类别的变量在函数调用时分配存储空间，当函数调用结束时自动释放其所占的内存空间。

(2) static 既可以修饰局部变量，也可以修饰全局变量。当修饰局部变量时，即定义静态局部变量，其存在时间从定义处到程序运行结束(非函数运行结束)，但引用的范围仍仅限于定义该变量的函数内部；当用 static 修饰全局变量时，其作用是使定义的全局变量只能在定义该变量的程序文件中引用，而不能被其他程序文件所共享。

(3) register 类别的变量的使用属性与 auto 类别的变量相同。建议读者在程序中不要定义这类变量，对于改善程序的效率有害无益，这是一种过时的做法。

(4) extern 的用途是对函数中所引用的全局变量进行声明，注意不是定义变量，这一点与前三者都不一样。全局变量的声明既可以在函数的内部进行，又可以在函数的外部进行。

7.1.8 内部函数与外部函数

内部函数只能在定义该函数的程序文件内部被调用，其定义格式就是在一般函数定义的首部前添加 static。如果在函数首部前添加 extern，则此函数为外部函数。

7.2 本 章 难 点

7.2.1 参数的传递

使用参数是实现从主调函数向被调函数传递信息的主要途径。在 C 语言程序中，参数的传递都是单向传递，即把实参的值传递给形参。

形参相当于被调函数中的一个变量，函数被调用时，给形参分配存储空间，函数调用结束时，释放形参所占用的存储空间。

实参可以是变量，也可以是表达式，实参的类型应该与形参的类型一致。函数调用时，实参的个数应该与形参的个数一致。

7.2.2 函数的声明

当函数的声明位于该函数定义之前时，应该注意以下几个方面：

(1) 函数的声明不是对函数的定义。

(2) 当函数的返回值类型为整型或字符型时，即使函数被调用在前，而定义在后，也可以不对该函数进行声明，其原因是系统会将未进行声明的函数默认为其返回值为整型。但不声明的做法不值得提倡，因为函数的声明除了检查函数的返回值以外，还需要检查函数的参数是否与调用时的实参一致。另外，在进行函数声明时，也可以提醒程序人员注意参数的使用，以免出错。

(3) 函数声明既可以在函数的内部进行，又可以在函数的外部进行。

7.2.3 函数的递归调用

如果一个问题可以用递归方法解决，则必须符合以下条件：

(1) 这个问题应该存在规模问题，且大规模问题的解决可以转化为小规模的问题加以解决，即存在递归表达式。

(2) 存在明确的递归结束条件，即当问题的规模小到一定程度时，不再使用递归方法解决，而是可以直接得出问题的解。

递归所能解决的问题通常都有与之相对应的非递归算法，但有时非递归算法非常复杂。所以对于本身具有很强递归特性的问题，通常选择使用递归方法解决。尽管递归方法在运算过程中需要占用大量的栈空间，且速度比非递归算法一般要慢一些。

7.2.4 数组名作为函数参数

数组名作为函数参数是一种非常重要的参数传递形式，使用时应注意如下事项：

(1) 数组名作为函数参数时，要求形参数组与实参数组的类型严格一致。

(2) 当形参数组为一维数组时，可以省略其大小，对于需要指定数组长度的情况，通常用设置另一个形参的方式来实现。

(3) 数组名作为函数参数，其实质传递的是一个指针(地址)，即实参数组的首地址，相关详细情况可参阅第9章的内容。

7.2.5 变量的作用域

变量的作用域是指可以引用该变量的区域，如果该区域是一个函数，那么这类变量称为局部变量。如果该区域是一个程序文件甚至是整个程序，则称这类变量为全局变量。

局部变量定义在某个函数的内部，从其存在时间(存储类别)上考虑，局部变量有自动变量和静态局部变量之分，局部变量是一种默认类别。

自动局部变量是使用最广泛的一类变量类型，具有“用则分配空间，不用则释放空间”的特点，从而可以节省程序的空间开销。另外，不同函数中可以定义同名的局部变量。

全局变量定义在函数的外部，从其存储类别上也可以有两种：一种是可以被整个程序所引用的变量，这是一种默认的存储类别；另一种是只能在定义该变量的文件中引用的变量，这类变量在定义时要加上关键字 static。

7.2.6 静态存储类别

这里分析的静态存储类别指的是用关键字 static 修饰的变量类型。前面已经提到，static 既可以用来修饰局部变量，也可以修饰全局变量。

静态局部变量与全局变量一样，它所占用的存储空间在整个程序运行期间都不释放。也就是说，多次调用同一函数时，每次引用函数内部定义的静态局部变量时都是在引用同一内存单元，所以每次调用时，该静态局部变量的值都是上一次调用后该变量的值(自动变量因为多次调用会重新分配空间，所以每次调用都是一个新的值)。这一点在某些特殊情况下非常有用。

7.3 例题分析

例 7.1 调用下面的函数4次，每次传递给该函数的实参分别是'e'、'H'、'#'、'3'，那么该函数的返回值分别是(   )。

```
char  fun(char ch)
{if (65<=ch && ch<=90)  return(ch+32);
 if (97<=ch && ch<=122)  return(ch-32);
 if (48<=ch && ch<=57)  return('9');
 return('*');
}
```

解： 不论在一个函数中有几个 return 语句，每次调用该函数时，都只能执行到某一个 return

语句。当实参是'e'时，返回值是'E'。当实参是'H'时，返回值是'h'。当实参是'#'时，返回值是'*'。当实参是'3'时，返回值是'9'。所以，答案为：'E'、'h'、'*'、'9'。

例 7.2 以下函数用来求 x 的 y 次幂，请填空。

```
double fun(double x,int y)
  {if(_________)   return 1.0;
   else    return ___________;
  }
```

解：这是用于求 x 的 y 次幂的递归算法。根据递归的特点，需要有递归的出口，即递归结束条件。另外，还要有递归表达式。当 y=0 时，$x^y=1$，而其他情况下，$x^y=x*x^{y-1}$。根据这一分析，前一空应填入 y= =0，而后一空应填入 x*fun(x,y-1)。

例 7.3 如下程序的运行结果是(　　)。

```
#include <stdio.h>
fun(int a)
{ int b=0;   static int c=3;
   b=b+1;   c+=2;
   return(a+b+c);
}
main()
{int a=2,j;
 for(j=0;j<3;j++,a++)   printf("%d, ",fun(a));
}
```

A. 8,9,10　　B. 8,12,16　　C. 8,11,14　　D. 8,10,12

解：程序中的变量 c 是一个静态局部变量，每次调用函数 fun()时，其值都使用上一次调用后 c 的值，所以先后 3 次调用时，c 的值分别是 5，7，9。而变量 b 是一个自动变量，每次调用时，b 的初值都重新被赋为 0。根据以上分析，不难得出选项 C 正确。

例 7.4 下列程序的运行结果是(　　)。

```
#include <stdio.h>
int fun(int a[ ],int n,int delta)
{int i,sum=0;
 for(i=0;i<n;i+=delta)   sum+=a[i];
 return(sum);
}
main()
{   int a[10]={1,2,3,4,5,6,7,8,9,10},total,i;
    for(i=1;i<4;i++)
        {total=fun(a,10,i); printf("%4d",total);}
}
```

解：函数 fun()使用数组作为函数参数，可以在函数中通过形参数组间接引用实参数组的各个元素。如果修改形参数组元素的值，也就间接修改了实参数组。函数中的另一个参数 delta，用于指出每次引用数组元素的步长。据此，可以得出正确结果为 55，25 和 22。

7.4 习　题

7.4.1 单项选择题

1. 以下关于主函数的说明中，正确的是(　　)。
   A. 主函数必须在其他函数之前定义，且主函数内可以嵌套定义函数
   B. 主函数可以在其他函数之前或之后定义，且主函数内不可以嵌套定义函数
   C. 主函数可以在其他函数之前或之后定义，且主函数内可以嵌套定义函数
   D. 主函数必须在其他函数之前定义，且主函数内不可以嵌套定义函数
2. 下列说法正确的是(　　)。
   A. C语言程序总是从第一个定义的函数开始执行
   B. 在C语言程序中，要调用的函数必须在main()函数中进行定义
   C. C语言程序总是从main()函数开始执行
   D. C语言程序中的main()函数必须放在程序的开始部分
3. 以下关于函数调用的说法，错误的是(　　)。
   A. 函数调用可以单独构成语句　　B. 函数调用可以出现在表达式中
   C. 函数调用可以作为函数的实参　　D. 函数调用可以作为函数的形参
4. 已知函数fun1()的定义如下，则以下说明正确的是(　　)。

```
void fun1( )
{      ……      }
```

   A. 函数fun1()没有返回值　　B. 调用函数fun1()，将不再返回主调函数
   C. 函数fun1()只能被主函数调用　　D. 函数fun1()的返回值类型不确定
5. 以下说法错误的是(　　)。
   A. 函数的自动变量可以赋初值，但每调用一次则赋一次初值
   B. 函数调用时，实参和对应形参在类型上只需赋值兼容
   C. 外部变量的隐含类型是自动存储类别
   D. 函数形参的存储类型是自动(auto)类型
6. C语言中函数返回值的类型是由(　　)决定的。
   A. return语句中的表达式类型　　B. 调用该函数的主调函数类型
   C. 调用函数时临时　　D. 定义函数时所指定的函数类型
7. 以下说法不正确的是(　　)。
   A. 不同函数中可以使用相同的变量名
   B. 形参是局部变量
   C. 一个函数内部定义的变量只能在本函数范围内有效
   D. 一个函数内部的复合语句中定义的变量在本函数范围内有效
8. 凡是在函数内部定义且未指定存储类别的变量，其存储类别是(　　)。
   A. 自动(auto)　B. 静态(static)　C. 外部(extern)　D. 寄存器(register)
9. C语言程序中，若对函数类型未进行显式说明，则函数的隐含类型为(　　)。

A. void　　B. double　　C. int　　D. char

10. 以下叙述错误的是(　　)。

A. 在所有函数之外定义的变量称为外部变量，外部变量是全局变量

B. 在一个函数中既可以使用本函数中的局部变量，也可以使用外部变量

C. 外部变量的定义和外部变量的声明含义不同

D. 若在同一个源文件中，外部变量与局部变量同名，则在该文件范围内，外部变量会屏蔽同名的局部变量

11. 以下叙述正确的是(　　)。

A. 必须有递归公式和递归终结条件才可以编写递归函数

B. 有了递归公式就可以编写递归函数

C. 所有递归程序都不可以采用非递归算法实现

D. 递归算法的速度比非递归算法的速度一般都要快

12. 以下叙述正确的是(　　)。

A. 函数中的形参是自动变量

B. 函数中的形参是外部变量

C. 函数中的形参是静态变量

D. 函数中的形参可以根据需要自己定义其存储类别

13. 以下程序的输出结果是(　　)。

```
#include <stdio.h>
hanshu(int a,int b)
{ int k,s=0;
  for(k=a;k<a+b;k++)   s=s+k;
  printf("%d,",s);   return(s);
}
main()
{ int s=0;   hanshu(2,3);   printf("%d\n",s);   }
```

A. 0，0　　B. 0，9　　C. 9，0　　D. 9，9

14. 在C语言中，函数的隐含存储类别是(　　)。

A. auto　　B. static　　C. extern　　D. 无存储类别

15. 以下程序的输出结果是(　　)。

```
#include <stdio.h>
fun(int a,int b,int c)
  { c=a+b; return(c); }
main()
{ int c=1;   c=fun(2,3,c);   printf("%d\n",c); }
```

A. 1　　B. 2　　C. 3　　D. 5

16. 以下程序的运行结果是(　　)。

```
#include <stdio.h>
f(int a, int k)
 { auto int i;   static int s=0;
```

```
    for (i=1;i<=a;i=i+k)    s=s+i;
    return (s);
}
main()
{int a=10,k;
 for(k=1;k<3;k++)     printf("%5d",f(a,k));
}
```

A. 55 25 B. 55 80 C. 55 110 D. 55 55

17. C语言规定，调用一个函数时，实参和形参之间的数据传递是(　　)。

A. 地址传递　　B. 由实参传给形参，并由形参返回给实参

C. 值传递　　D. 由用户指定传递方式

18. 以下函数值的类型是(　　)。

```
fun(float x)
{ float y;   y=3*x-1;   return(y); }
```

A. int　　B. 不确定　　C. void　　D. float

7.4.2　填空题

1. C语言中，函数的参数放在函数名称后面的________中，函数体是放在小括号后面的________中的C语句段。

2. 定义一个函数时，如果一个函数不需要返回任何值，应该指定函数的返回值类型为________。

3. 当一个函数有多个参数时，各参数之间用________分隔。

4. 当在一个函数中需要调用标准函数 fabs()时，则应该引入头文件________；需要调用标准函数 puts()时，则应该引入头文件________。

5. C语言中，函数有________、________及________这3种调用方式。

6. 函数调用自身，称为________，因其调用方式不同可以分为________和________这两种。

7. 从作用域角度，变量可以分为________和________这两类，从变量存储属性角度，则可以分为________和________这两类。

8. 递归调用的两个要素是________和________。

9. C语言中的函数体(函数首部下面的大括号内的内容)一般包含________和________这两个部分。

10. 只能供其所在的程序文件调用的函数称为________函数；既可以供其所在的程序文件调用，也能供其他程序文件调用的函数称为________函数；前者在定义时以______修饰，后者在定义时以________修饰，不加以上两种修饰的为________函数。

11. 一维数组s中存放n个整数。函数fun()的作用是将数组s中凡是等于整数x的数组元素用整数y替换，然后输出被替换后的数组s。若数组s中没有等于整数x的数组元素，则输出“没有发现！”。

```
void fun(int s[ ], int x，int y，int n)
  {   int k，flag=0;
```

```
    for(k=0;k<n;k++)
        if (s[k]= =x) { flag=1； _________ ;}
    if (_________)
        for(k=0;k<n;k++)   printf("%d",s[k]);
    else   _______________ ;
}
```

12. 函数 strlen()用于确定一个给定字符串 str 的长度(不包括'\0')。

```
strlen(char str[])
  { int i=0,num=0;
    while(__________)   ++num;
    return(________);
  }
```

13. 以下是一个求字符串长度(不包括'\0')的程序，请补充完整。

```
int strlen(char str[])
     { int n=0;
       while(_____________ ) n++;
       return(n);
 }
main()
     { char str[80];    gets(str);
   printf("%d",_____________);
 }
```

14. 有 n(n<=20)个整数，使其前面 m(m<n)个数顺序向后移动。例如，若 n=6 且 m=2，对于后面 n 个数：1，2，3，4，5，6，顺序向后移动将变为：3，4，5，6，1，2。

```
main()
{int number[20],n,m,i;
 printf("共有几个数:\n");   scanf("%d",&n);
 printf("向后移动几个数:\n");   scanf("%d",&m);
 for(i=0;i<n;i++)      scanf("%d",&number[i]);
 for(i=1;i<=m;i++)     ______________;
 printf("移动后为\n");
 for(i=0;i<n;i++)     printf("%5d",number[i]);
 getch();
}
move(int array[ ], int n)
{int i,j,k; k=array[0];
 for(i=1;i<n;i++)       ______________;
 array[n-1]=k;
}
```

15. 实参数组中存放着由八进制数字所构成的一串字符，调用函数 change()将这个字符串转换为十进制整数。例如，若八进制数字构成的字符串是“567”，则转换为十进制整数是 375。

```
int change(char   str[ ])
   {int i , num=0,digit;
```

```
    for(i=0; str[i]!=________; i++)
      { digit=___________;    num=num*8+digit; }
    return(num);
  }
```

16. 以下函数用于输出100以内，能被3整除且个位数为5的所有整数。

```
#include <stdio.h>
void pnt_num(void)
    { int i,j;
      for(i=0;i<10;i++)
          {j=___________;
           if(j%3!=0)      continue;
           printf("%5d",j);
          }
    }
```

17. 函数revstr(char s[ ])用于把字符串s置逆。例如，若传递给s的字符串为"abcde"，则执行本函数后，s的值变为"edcba"。

```
revstr(char s[ ])
{ int n,m; char c;    n=strlen(s);
   for(m=0; _______ ;m++)
      {c=s[m];s[m]=s[n-1-m]; s[n-1-m]=c;}
   puts(s);
  }
```

18. 函数fun()实现把数字字符从原字符串中删除。删除某个数字字符时，后面的所有字符依次向前移动1位。

```
#include <stdio.h>
void fun(char s[ ])
{ int i=0，j;
  while(____________)
     if((s[i]>='0'&& s[i]<= '9'))
        for(j=i;s[j]!= '\0';j++)    _______________;
     else    i++;
  }
```

19. 以下程序通过调用函数fun()，求a数组中的最大值与b数组中的最小值。

```
#include <stdio.h>
float fun(float x[],int n,int flag)
{ float   y ;   int i ;   y=___________;
   if(flag= =1)
      for(i=1;i<n;i++) if(x[i]>y)    y=x[i];
   else
      for(i=1;i<n;i++) if(x[i]<y)    y=x[i];
   return(y);
}
main()
{ float a[6]={3,5,9,4,2,1},b[5]={3,-2,6,9,1};
```

```
        printf("%f\n",fun( ____________ ));
        printf("%f\n",fun( b,5,0 ));
    }
```

20. 以下函数是用折半查找法在有序数组 a(从小到大排序)中查找指定的数 m，如果找到则返回指定数在数组中出现的位置，否则返回－1。a 数组有 n 个元素。

```
search(int a[ ],int n,int m)
{int low,high,mid;   low=0;   ______________;
 while(low<=high)
   { mid=(low+high)/2;
     if (m= =a[mid])   return(mid);
     else if (m<a[mid])     ______________;
     else if (m>a[mid])     ______________;
   }
 return(–1);
}
```

21. 以下函数把 b 字符串连接到 a 字符串的后面，并返回 a 中新字符串的长度。

```
int strcen(char a[ ], char b[ ])
{ int n1=0,n2=0;
  while(a[n1]!= ________ )   n1++;
  for(n2=0; n2<strlen(b); n2++)
      { ________ ; n1++; }
  return(n1);
}
```

7.4.3 阅读程序写结果题

1. 以下程序中，swap()函数用于交换两个参数的值。运行程序时输入 3 和 5，请问能否交换两个数组元素的值(输出 5 和 3)？如果不能交换，请说明原因。

```
void   swap(int x, int y)
  { int t;  t=x;  x=y;  y=t;  }
 main( )
  { int a[2];   scanf("%d,%d", &a[0],&a[1]);
     swap(a[0],a[1]);
     printf("%d，%d\n",a[0],a[1]);
  }
```

2.
```
#include <stdio.h>
try(void)
   {static int x=3;   x++;   return(x); }
main( )
{ int i,y;
   for(i=0;i<=2;i++)   y=try();
   printf("%d\n",y);
}
```

3.
```
#include "stdio.h"
main()
 { int x=10;
```

```
  { int x=20;  printf("%d,",x); }
  printf("%d\n",x);
  return 0;
}
```

4.
```
main()
{ char line[]="How do you do!\t hello";/*两个单词间有一个空格*/
  int total;  total=tw(line);   printf("%d\n",total);
}
int tw(char line[ ])
{ int k=0,cnt=0;
  while(line[k++]!='\0')
      if (line[k]= =32 || line[k]= ='\t')   cnt++;
  return(cnt);                         /*空格的 ASCII 码值是 32*/
}
```

5.
```
void fun(int n)
{ if(!n)  return;
  else  { printf("%c",n%10+'0');  fun(n/=10); }
}
main()
{ fun(483);  printf("\n");  }
```

6.
```
#include <stdio.h>
float average(float a[],int n)       /*函数定义*/
{int i;  float aver ,sum=a[0];
 for(i=1;i<n;i++)   sum=sum+a[i];
 aver=sum/n;   return(aver);
}
int main()
 {float score[10],aver;  int i,num=0;
  for(i=0;i<10;i++)  scanf("%f",&score[i]);  /*输入 10 个数为：6,7,8,6,5,4,6,7,6,5*/
  aver=average(score,10);    printf("average=%f\n", aver);
  for(i=0;i<10;i++)    if (score[i]<aver)    num++;
  printf("less than average: %d",num);
 }
```

7.
```
#include <stdio.h>
int s=0,a[10]= {10,20,30,40,50,60,70,80,90,100};
int   fun(int n)
{ int i,s=10,a[10]= {1,2,3,4,5,6,7,8,9,10};
  for(i=0; i<n; i++) s=s+ a[i];
  return(s);
}
int main( )
{ int i,t;
  for(i=0; i<10; i++)   s=s+a[i];
  printf("%d; ", s/10);   t=fun(9);
  for(i=0; i<10; i++)   if (a[i]> t)   printf("%d, ", a[i]);
}
```

7.4.4 编写程序题

1. 编写一个函数，用冒泡排序法对给定的无序数组进行从大到小排序，要求将参与排序的元素的个数和数组名作为形参。

2. 编写一个函数，用选择排序法对给定的无序数组进行从小到大排序，要求将与排序的元素的个数和数组名作为形参。

3. 编写一个函数，判定形参 n 是否是素数，如果是则返回 1，否则返回 0。

4. 编写一个函数，将形参(一个 4 位数)的各位数字分解出来，并按由低位到高位的顺序输出，输出时各数字之间空 2 个空格。例如 1234，分解后输出 4　3　2　1。

5. 编写函数 delete_char(char str[ ],char ch)，其功能是从字符串 str 中删除所有由 ch 指定的字符。

6. 编写一个函数，求解如下问题：若一头小母牛，从出生起第四个年头开始每年生一头母牛，不考虑其他因素，按此规律，第 n 年时有多少头母牛？

7. 用梯形法计算一元多项式 $f(x)=1+x^2$ 在区间[1,2]上的定积分。

8. 输出一张摄氏-华氏温度转换表，摄氏温度的取值区间是[－100°C，150°C]，温度间隔为 5°C。要求定义和调用函数 ctof(c)，将摄氏温度 C 转换成华氏温度 F，计算公式如下。

$$F = 32 + C * 9/5$$

9. 分别用递归和非递归的方法，编写计算阶乘的函数。

10. 编写函数 comm()，其功能是判定形参 a 是否是 3 与 7 的公倍数，如果是则返回 1，否则返回 0。主函数可以多次调用 comm()，每次从键盘输入一个整数并传递给 a。

11. 用递归法计算 n 阶勒让德多项式的值。n 阶勒让德多项式的递归公式为：

$$P_n(x)\begin{Bmatrix} 1 & (n=0) \\ x & (n=1) \\ (2n-1)x\ P_{n-1}(x)-(n-1)\ P_{n-2}(x)/n & (n>1) \end{Bmatrix}$$

12. 定义包含 10 个元素的整型数组为全局变量。编写函数 fun1()、fun2()、fun3()、fun4()，其中 fun1()计算并输出数组元素的最大值，fun2()计算并输出数组元素的最小值，fun3()统计并输出数组元素中等于整数 n 的个数，fun4()查找整数 k 在数组中的位置。在主函数中可以分别调用上面 4 个函数，整数 n 和 k 的值从键盘输入。

7.5 习题参考答案

7.5.1 单项选择题答案

1. B　2. C　3. D　4. A　5. C　6. D　7. D　8. A　9. C　10. D
11. A　12. A　13. C　14. C　15. D　16. B　17. C　18. A

7.5.2 填空题答案

1. 小括号　一对大括号　2. void　3. 逗号(,)

4. math.h　　stdio.h
5. 作为单独语句调用　　作为表达式的一部分调用　　作为函数参数调用
6. 递归调用　　直接递归调用　　间接递归调用
7. 全局变量　　局部变量　　自动变量　　静态变量
8. 递归表达式　　递归出口　　9. 声明部分　　执行部分
10. 内部　　外部　　static　　extern　　外部
11. s[k]=y　　flag==1　　printf("没有发现！")　　12. str[i++]!='\0'　　num
13. str[n]!='\0'　　strlen(str)　　14. move(number,n)　　array[i-1]=array[i]
15. '\0',　　str[i]-'0'　　16. i*10+5　　17. m<n/2
18. s[i]!='\0'　　s[j]=s[j+1]　　19. x[0]　　a,6,1
20. high=n-1　　high=mid-1　　low=mid+1　　21. '\0'　　a[n1]=b[n2]

7.5.3 阅读程序写结果题答案

1. 不能交换。原因是，在函数swap()中，利用一般变量作为函数的形参，调用时把实参的值传递给形参，形参(x,y)和实参(a[0],a[1])分别占用不同的内存单元，对形参的修改并不会影响实参的值，尽管x和y的值交换了，但a[0]和a[1]的值并没有交换。

2. 6　　3. 20 ,10　　4. 5　　5. 384
6. 3　　7. 55; 60, 70, 80, 90,100,

7.5.4 编写程序题参考答案

1.
```
void sort1(int a[ ],int n)
  {int i,j,t;
   for(i=0; i<n-1; i++)
      for(j=0;j<n-i-1;j++)
         if(a[j]<a[j+1])   {t=a[j]; a[j]=a[j+1]; a[j+1]=t; }
  }
```

2.
```
void   sort2(int a[ ],int n)
 { int i,j,t,p;
   for(i=0; i<n-1; i++)
      { p=i;
       for(j=i+1;j<n;j++)
           if(a[j]<a[p])    p=j;
       if(p!=i)   { t=a[p];   a[p]=a[i];   a[i]=t; }
      }
 }
```

3.
```
int isprime(int n)
 { int i,k=1;
   for(i=2; i<=sqrt(n); i++)    if(n%i= =0)   {k=0; break; }
   return(k);
 }
```

4.
```
void split(int num)
{int p[4], i=0;
 do {
      p[i++]=num%10;   num/=10;
    }while(num!=0);
 for(i=0; i<4; i++)   printf("%3d",p[i]);
}
```

5.
```
void   delete_char(char str[ ],char ch)
{ int j,k;
  for(j=0,k=0;str[j]!='\0';j++)   if(str[j]!=ch)   str[k++]=str[j];
  str [k]='\0';
}
```

6. 设母牛总数为 sum，用数组元素存放各种母牛数。a[1] 存放 1 岁母牛数，a[2] 存放 2 岁母牛数，a[3] 存放 3 岁母牛数，a[4] 存放 4 岁和 4 岁以上母牛数。函数如下。

```
unsigned cow(unsigned n)
{ int   i, sum=0, a[5];
  for (i=1;i<=n;i++)
    {if (i= =1)   {a[1]=1; a[2]=a[3]=a[4]=0; }
     else if (i= =2)   {a[1]=0;a[2]=1;a[3]=a[4]=0;}
     else if (i= =3)   {a[1]=a[2]=0;a[3]=1;a[4]=0;}
     else
       {a[4]=a[3]+a[4];   a[3]=a[2];   a[2]=a[1];   a[1]=a[4]; }
    }
  for (i=1;i<=4;i++)   sum=sum+a[i];
  printf("%u",sum);
}
```

本题也可以使用递归函数编写，程序如下。

```
unsigned cow(unsigned n)
{ if(n<=3)   return(1);
  else   return(cow(n-1)+cow(n-3));
}
```

7. 设 a=1，b=2。将(a,b)n 等分，每等分为(b–a)/n，积分值近似于 n 个小梯形的面积。

```
float f(float x)
   {float y;   y=1+x*x;   return(y); }
float jifen(float a, float b )
  { int k, n ; float f1,f2,s=0;
    scanf("%d", &n) ;   h=(b-a)/n ;
    for (k=1; k<=n ; k++)
      { f1=f(a+(k-1)*h);   f2=f(a+k*h);   s=s+(f1+f2)*h/2 ; }
    return(s);
  }
main()
{ float a=1, b=2 ,sum;   sum=jifen(a,b);
  printf("定积分为:%f\n",sum);
}
```

8.
```
float   ctof(int c)
   {float f;   f=32+c*9/5.0;   return f; }
 main( )
  {int j,
   for(j=-100;j<=150;j=j+5;)   printf("c=%d-->f=%f",j,ctof(j));
  }
```

9. 计算阶乘的递归和非递归函数分别如下：

```
long fac(int n)
{if (n= =1 || n= =0) return(1);
 esle   return(n*fac(n-1));
}

long fac(int n)
{int i;   long f;
 for (i=1; i<=n; i++)   f=f*i;
 return(f);
}
```

10.
```
#include <stdio.h>
int comm(int a)
{int flag=0;
 if (a%3= =0 && a%7= =0)   flag=1;
 return(flag);
}
main( )
{int yn=1,a;
 while (yn= =1)
    { printf("请输入一个整数："); scanf("%d", &a);
     if (comm(a)==1)   printf("%d 是 3 与 7 的公倍数", a);
     printf("若要判断下一个整数是否是 3 与 7 的公倍数，请按 1，否则按 0。");
     scanf("%d", &yn);
    }
}
```

11.
```
#include <stdio.h>
float p(int n, int x)                          /*定义递归函数*/
{if (n= =0)   return(1);
 else if (n= =1)   return(0);
 else return((2*n-1)*x*p((n-1),x)-(n-1)*p((n-2),x))/n;
}
int main ( )
{int n,x;
 printf("Input n and x. ");
 scanf("%d,%d", &n,&x);
 printf("%d,%d,%f\n", n, x, p(n,x));           /*调用递归函数*/
 }
```

12.
```
#include <stdio.h>
int a[10]={23,12,45,24,26,18,19,15,36,38};
int fun1()
{int i,max;   max=a[0];
 for(i=1;i<10;i++)   if(a[i]>max)   max=a[i];
 printf("最大值=%d", max);
}
int fun2()
{int i,min;   min=a[0];
 for(i=1;i<10;i++)   if(a[i]<min)   min=a[i];
 printf("最小值=%d", min);
}
int fun3(int n)
{int i,m=0;
 for(i=0;i<10;i++)   if(a[i]= = n)   m++;
 printf("数组元素中等于%d 的有%d 个。", n,m);
}
int fun4(int k)
{int i,m=-1;
 for(i=0;i<10;i++)   if(a[i]= = k)   m=i;
 if (m= =-1)   printf("在数组中不存在数%d。", k);
 else   printf("数%d 在数组中位于第%d 个。", k,m+1);
}
main( )
{int n,k,num;
 while(1)
  { printf("1. 计算并输出数组元素的最大值；\n   2. 计算并输出数组元素的最小值；\n");
    printf("3. 统计并输出数组中等于 n 的数的个数；\n   4. 查找数 k 在数组中的位置。\n");
    printf("5. 结束程序运行\n");
    printf("请选择并输入 1、2、3、4、5，实现某项功能。");
    scanf("%d", &num);
    if (num= =1)   fun1( );
    else if   (num= =2)   fun2( );
    else if   (num= =3)   { printf("请输入 n 的值: ");   scanf("%d", &n);   fun3(n); }
    else if   (num= =4)   { printf("请输入 k 的值: ");   scanf("%d", &k);   fun4(k); }
    else if   (num= =5)   { printf("程序运行结束! ");   break; }
    else   printf("输入错误!，请重新输入。");
  }
}
```

第 8 章
预处理命令

8.1 本章要点

8.1.1 不带参数的宏

不带参数的宏定义的一般格式如下：

define　宏名　字符串

宏名与字符串之间至少有一个空格，字符串可以为空。

注意：

(1) 宏名一般习惯上用大写字母标识，但并非必须如此。

(2) 经过宏定义以后，在编译预处理命令时，程序中出现的宏名都用“字符串”替换，此过程称为宏展开。但出现在字符串常量中的字符子串即使与宏名相同，也不进行替换。

(3) 可以用#undef 宏命令终止已定义的宏名的作用域。

(4) 宏展开过程中只进行简单的字符替换，不进行任何计算。这一点对于带参数的宏定义也适用。

8.1.2 带参数的宏

带参数的宏定义的一般格式如下：

define　宏名(形参列表)　字符串

注意：

宏名与紧跟其后的小括号之间一定不能有空格。带参数的宏定义在进行宏展开时，对于“字符串”中出现的形参，用相应的实参进行替换，而对于其他字符则保持不变。

带参数的宏和函数有类似之处，有些问题既可以用宏实现，也可以用函数实现，但两者是有本质区别的，区别主要表现在如下方面。

(1) 函数调用时，要求实参和形参的类型匹配；但在宏替换中，对参数类型没有要求，宏定义中的形参没有类型，只是一个符号而已。

(2) 函数调用时，先求出实参表达式的值，然后赋值给形参；而使用带参数的宏，只是进行简单的字符串替换。

(3) 函数调用在程序运行时进行；宏替换在编译时完成，并不占用运行时间。

(4) 宏适合解决规模较小的问题；函数解决的问题范围较广。但同一问题用宏解决比用函数解决的效率更高。

8.1.3 文件包含

所谓文件包含，是把另一个文件的内容包含进某个程序文件中。用#include 命令实现，其一般格式如下：

```
#include  <文件名>  (或  #include  "文件名")
```

如果文件名用双引号引起来，则系统先在当前源程序所在的目录中查找指定的被包含文件，如果找不到，再按照系统指定的标准方式到有关目录中去寻找；如果文件名用尖括号括起来，系统将直接按照指定的标准方式到有关目录中寻找被包含的文件。

8.1.4 条件编译

在源程序中，如果某部分代码只在某个条件满足(或不满足)时才参与编译，则可以用条件编译预处理命令实现。条件编译有以下 3 种格式：

(1) 格式 1

```
#if 表达式
   程序段 1
#else
   程序段 2
#endif
```

格式 1 的作用是，当指定的表达式值为真(非零)时就编译程序段 1，否则编译程序段 2。

(2) 格式 2

```
#ifdef 标识符
   程序段 1
#else
   程序段 2
#endif
```

格式 2 的作用是，当标识符已经用#define 命令定义时，编译程序段 1，否则编译程序段 2。

(3) 格式 3

```
#ifndef 标识符
    程序段 1
#else
    程序段 2
#endif
```

格式3与格式2中的作用相对应，若标识符未定义，则编译程序段1，否则编译程序段2。

8.2 本章难点

8.2.1 宏展开

当编译系统在源程序中遇到定义过的宏名时，对宏名进行替换的过程称为宏展开，也称为宏替换。根据定义宏名时是否带参数，可以有两种形式的宏展开，即不带参数的宏展开和带参数的宏展开。

在进行宏定义和宏展开时应该注意以下几点。

(1) 宏体只是被当作一个字符串而不是表达式，而宏展开也仅仅是一种字符串的替换，期间不进行任何形式的计算。

(2) 对于带参数的宏定义，其参数只是一个标识而不是变量，没有类型区分。也就是说，宏的实参可以是任何类型。是否符合语法规定，在展开后由编译程序检查。

(3) 在字符串常量中，即使出现与宏名相同的子串，也不进行替换。

8.2.2 条件编译

条件编译是程序设计语言的一种高级特性，当在不同的状态下需要使用不同源代码段参与编译时，可以使用条件编译。条件编译对于提高程序的可移植性有较大的参考价值。

例如，经常在程序中看到如下所示的代码：

```
#define  DEBUG
……
#ifdef  DEBUG
   代码段1
#else
   代码段2
#endif
```

在“代码段 1”中往往含有在程序调试时用到的一些代码，如输出程序运行的中间结果，以方便程序人员观察程序的执行情况。当程序调试结束时，这些用于观察程序执行情况的代码往往变得多余，此时，只需要将“#define DEBUG”从程序中删除即可。

8.3 例题分析

例 8.1 下述程序的运行结果是(   )。

```
#include <stdio.h>
#define  N  2
#define  M  N+1
#define  NUM  (M+1)*M/2
```

```
main()
{int i;   i=NUM;   printf("%d\n",i); }
```

A. 5　　B. 6　　C. 7　　D. 8

解：此题考查的是不带参数的宏替换应注意的问题。系统处理不带参数的宏时，按程序行中指定的字符串从左至右进行处理，当遇到与宏名相同的标识符时，就使用宏体进行替换，期间不进行任何形式的计算。此题中，系统处理到宏名 NUM 时，用宏体进行替换，第一次替换后为(M+1)*M/2，由于 M 依然是宏定义过的符号，继续替换为(N+1+1)*N+1/2，最后替换为(2+1+1)*2+1/2，计算结果为 8。

千万不可直接将值代入。例如，误认为 M 的值是 3(2+1)，NUM 的值是 (3＋1)*3/2。

例 8.2 以下程序的运行结果是(　　)。

```
#include <stdio.h>
#define  SQR(x)  x*x
main()
{ int a=10,k=2,m=1;
   a/=SQR(k+m)/SQR(k+m);
   printf("%d\n",a);
}
```

A. 10　　B. 1　　C. 9　　D. 0

解：此题考查的是带参数的宏替换应该注意的问题。系统处理带参数的宏时，按程序行中指定的字符串从左至右进行处理，若遇到形参则以实参代替，非形参字符原样保留，这期间不进行任何计算。此题中，参数和宏体都没有括号。因此，中间的赋值语句首先替换成 a/= x*x/x*x；再替换成 a/=k+m*k+m/k+m*k+m；将各变量的值分别代入该式，求得 a 的最终结果为 1，故答案为 B。

8.4 习　题

8.4.1 单项选择题

1. 用宏名“pi”定义了一个字符串“3.14159”，下列选项正确的是(　　)。

   A. #define　pi=3.141592　　B. define　pi=3.14159;

   C. #define　pi　3.14159　　D. #define　pi(3.14159);

2. 定义带参数的宏计算 u 与 v 的乘积(例如 u 为 x2+3x–5，v 为 x–6)，下列选项正确的是(　　)。

   A. #define　muit(u,v)　u*v　　B. #define　muit(u,v)=u*v;

   C. #define　muit(u,v)　(u)*(v)　　D. #define　muit(u,v)=(u)*(v)

3. 若带参数的宏定义为“#define　div(a,b)　a/b”，那么“div(x+5,y–5)”展开后为(　　)。

   A. x+5/y–5　　B. x+5/(y–5);　　C. (x+5)/(y–5)　　D. (x+5)/y–5;

4. 定义带参数的宏“#define　jh(a,b,t)　t=a;a=b;b=t”，使两个参数 a、b 的值互换，下列表述中正确的是(　　)。

A. 不定义参数 a 和 b 将导致编译错误

B. 不定义参数 a、b、t 将导致编译错误

C. 不定义参数 t 将导致运行错误

D. 不必定义参数 a、b、t 的类型

5. C 语言中，宏定义的有效范围从定义处开始，到源文件结束处结束，但可以用(　　)来提前结束宏定义的作用。

A. #ifndef　　B. #endif　　C. #undefined　　D. #undef

6. 以下叙述中正确的是(　　)。

A. 在程序的一行中可以出现多个有效的预处理命令行

B. 使用带参宏时，参数的类型应与宏定义时的一致

C. 宏替换不占用运行时间，只占用编译时间

D. 宏定义不可以出现在函数内部

7. 以下叙述中正确的是(　　)。

A. C 语言的预处理功能是指完成被包含文件的调用

B. 预处理命令只能位于 C 源程序文件的首部

C. 在 C 源程序中，凡是行首以#标识开头的控制行都是预处理命令

D. C 语言的编译预处理就是对源程序进行初步的语法检查

8. 以下程序的输出结果是(　　)。

```
#define  MIN(x,y)  (x)<(y)?(x):(y)
main( )
{int i, j, k;  i=10;  j=15;  k=10*MIN(i,j);  printf("%d", k); }
```

A. 15　　B. 100　　C. 10　　D. 150

9. 以下程序的输出结果是(　　)。

```
#include  <stdio.h>
#define  ADD(y)  3.54+y
#define  PR(a)   printf("%d",(int)(a))
#define  PR1(a)   PR(a);putchar('\n')
main( )
{ int i=4;   PR1(ADD(5)*i); }
```

A. 20　　B. 23　　C. 10　　D. 0

10. 有宏定义“#define　E　2.718”，则编译预处理命令时会将 E 替换成一个(　　)。

A. 单精度常量　　B. 单精度变量　　C. 双精度变量　　D. 字符串

11. 系统处理宏命令和包含命令是在(　　)。

A. 编译源程序时　B. 编译源程序以前　C. 连接目标文件时　D. 运行程序时

12. 下面有关宏定义的描述，不正确的是(　　)。

A. 宏不存在类型问题，宏名无类型，它的参数也无类型

B. 宏替换不占用运行时间

C. 宏替换时先求出实参表达式的值，然后代入形参进行运算求值

D. 宏替换只不过是字符替换而已

13. 文件包含命令有两种形式：#include <file>和#include "file"，关于这两种形式的区别，下列描述正确的是(　　)。

A. 两种形式没有区别

B. 两者检索文件 file 的方式不同，前者只在源文件所在的目录下检索，后者在整个文件系统中检索

C. 两者检索文件 file 的方式不同，前者先在源文件所在的目录下检索，当检索不到时再按标准方式在指定的文件目录中检索；后者直接按标准方式在指定的文件目录中检索

D. 两者检索文件 file 的方式不同，后者先在源文件所在的目录下检索，当检索不到时再按标准方式在指定的文件目录中检索；前者直接按标准方式在指定的文件目录中检索

14. 执行如下程序后，输出结果为(　　)。

```
#include <stdio.h>
#define  N  4+1
#define  M  N*2+N
#define  RE  5*M+M*N
main()
{ printf("%d\n",RE); }
```

A. 150　　B. 100　　C. 42　　D. 以上结果均不正确

15. 如下程序中的 for 循环执行的次数是(　　)。

```
#define  N  2
#define  M  N+1
#define  NUM  2*M+1
main()
{ int i;
   for(i=1;i<=NUM;i++) printf("%d\n",i);
}
```

A. 5　　B. 6　　C. 7　　D. 8

16. 以下叙述中正确的是(　　)。

A. 用#include 包含的头文件的扩展名只能是“.h”

B. 若一些源程序中包含某头文件，当该头文件有错时，只需要对该头文件进行修改，包含此头文件的所有源程序不必重新进行编译

C. 宏命令行可以看作是一行语句

D. C 语言编译程序中的预处理是在编译之前进行的。

17. 以下程序的运行结果是(　　)。

```
#define  ADD(x)  x+x
main()
{ int m=1,n=2,k=3,sum;    sum=ADD(m+n)*k;
```

```
  printf("%d\n",sum);
}
```

A. 9　　B. 10　　C. 12　　D. 18

18. 设有如下宏定义，则表达式 z=2*(N+Y(5))的值是(　　)。

```
#define  N  2
#define Y(n)  ((N+1)*n)
```

A. 语句有错　　B. 34　　C. 70　　D. 无定值

8.4.2 填空题

1. 若带参数的宏定义为“#define　f(x,y)　printf(x,y)”，则“f("%d\n",m);”展开后为__________。

2. 若带参数的宏定义为“#define　f(x,y)　fopen(x,y)”，则“f("a.txt", "rw");”展开后为__________。

3. 若带参数的宏定义为“#define　f(c)　c>='A'&& c<='Z'”，则“f(x[i])”展开后为__________。

4. 以下程序的输出结果是__________；若去掉程序中的第一行，结果是__________。

```
#define  DEBUG
main()
{ int a=14, b=15, c=a/b;
  #ifdef  DEBUG
    printf("a=%d, b=%d", a, b);
  #else
    printf("c=%d\n", c);
  #endif
}
```

5. C 语言中提供的编译预处理功能有__________、__________和__________。

6. 编译时用字符串替换宏名的过程称为__________。

7. 若宏定义命令#define 出现在所有函数之前，则定义的宏名的有效范围是_____。

8. 执行下列程序后，输出结果为__________。

```
#include <stdio.h>
#define  P(a,b)  a*b+1
main()
{ int x=1,y=2,z;  z=P(x+y,4+3);
  printf("%d",z);
}
```

9. 执行下列程序后，输出结果为__________。

```
#include <stdio.h>
#define  S  x*y+1
main()
{int x=1,y=2;  printf("S=%d",S); return 0; }
```

8.4.3 阅读程序写结果题

1.
```
# define   PI   3.1415926   /*运行程序时输入的 radius 是 2.5*/
main()
{float r,l,s,v;
 printf("Please input radius:");   scanf("%f",&r);
 l=2.0*PI*r;   s=PI*r*r;   v=4.0/3*PI*r*r*r;
 printf("l=%.4f,   s=%.4f,   v=%.4f\n", l,s,v);
}
```

2.
```
#define   PI   3.1415926
#define   RADIUS   2.0
#define   CIRCUM   2.0*PI*RADIUS
#define   AREA   printf("area=%10.4f\n", PI*RADIUS*RADIUS);
main()
{printf("CIRCUM=%10.4f\n",CIRCUM);
 AREA
}
```

3.
```
#define   PI   3.1415926
#define   CIRCUM(r)   (2.0*PI*(r))
#define   AREA(r)   (PI*(r)*(r))
main()
{float a,area;   a=3.6;   area=AREA(a);
 printf("r=%f,   area=%f,   circum=%f\n", a,area,CIRCUM(a));
}
```

4.
```
#define   SQUARE(n)   ((n)*(n))
main()
{int i=1;
 while(i<=10)   printf("%5d ",SQUARE(i++));
}
```

5.
```
#define   LETTER   1
main()
{char str[20]="C Language",c;   int i=0;
 while((c=str[i])!='\0')
  {i++;
   #if   LETTER
       if(c>='a'&&c<='z')   c=c-32;
   #else
       if(c>='A'&&c<='Z')   c=c+32;
   #endif
   printf("%c",c);
   }
  }
```

6.
```
#define   SQR(n)      n*n
main()
{int i=1;
```

```
while(i<=10)
    {printf("%5d",SQR(i));   i++; }
}
```

8.4.4　编写程序题

1. 分别用函数和带参数的宏编写：已知圆柱的底面半径和高，计算圆柱体积。
2. 分别用函数和带参数的宏编写：交换两个变量的值。
3. 分别用函数和带参数的宏编写：已知长方体的长、宽、高，计算长方体的体积。
4. 分别用函数和带参数的宏编写：已知内环半径和外环半径，计算圆环的面积。
5. 分别用函数和带参数的宏编写：找出 4 个数中的最大数。
6. 分别用函数和带参数的宏编写：已知三角形的边长 a、b、c，利用下面的公式计算三角形的面积 s。

$$p=\frac{1}{2}(a+b+c)$$

$$s=\sqrt{p(p-a)(p-b)(p-c)}$$

8.5　习题参考答案

8.5.1　单项选择题答案

1. C　2. C　3. A　4. D　5. D　6. C　7. C　8. A　9. B　10. D
11. B　12. C　13. D　14. C　15. B　16. D　17. B　18. B

8.5.2　填空题答案

1. printf("%d\n",m);　2. fopen("a.txt","rw");　3. x[i]>='A'&& x[i]<='Z'
4. a=14，b=15　c=0　5. 宏定义　文件包含　条件编译
6. 宏展开　7. 从定义处到本源文件结束　8. 13　9. S=3

8.5.3　阅读程序写结果题答案

1. Please input radius: 2.5
   l=15.7080,　s=19.6350,　v=65.4499
2. CIRCUM=12.5664
   area=12.5664
3. r=3.600000,　area=40.715038,　circum=22.619466
4. 　2　12　30　56　90
5. C LANGUAGE
6. 　1　4　9　16　25　36　49　64　81　100

8.5.4　编写程序题参考答案

1. 用函数编写的程序代码如下：

```
volume (float r,float h)
  { float   pi=3.14;   return(pi*r*r*h); }

main()
  { float   r,h;     scanf("%f,%f", &r ,&h);    printf("体积=%f\n", volume (r,h)); }
```

用带参数的宏编写的程序代码如下：

```
#define   V(r,h)   3.14*r*r*h
main()
  { float   r1, h1, v;   scanf("%f,%f", &r1, &h1);     printf("体积=%f\n", V(r1,h1)); }
```

2. 用函数编写的程序代码如下：

```
exchange(int b[2] )
  { int t; t=b[0]; b[0]=b[1]; b[1]=t; }

main()
  {int a[2];   scanf("%d,%d", &a[0], &a[1]);   printf("%d,%d\n", a[0], a[1]); /*交换前的值*/
   exchange(a);   printf("%d,%d\n", a[0],a[1]); }   /*交换后的值*/
```

用带参数的宏编写的程序代码如下：

```
#define   JH(x,y,z)     z=x; x=y; y=z
main()
{ int a,b,t;   scanf("%d,%d", &a, &b);       printf("%d,%d\n", a,b);     /*交换前的值*/
  JH(a,b,t);     printf("%d,%d\n", a,b); }     /*交换后的值*/
```

3. 用函数编写的程序代码如下：

```
volume (float a,float b, float c)
  { float   v;   v=a*b*c;   return(v); }

main()
  { float   x,y,z;   scanf("%f,%f,%f", &x ,&y,&z);   printf("体积=%f\n", volume (x,y,z)); }
```

用带参数的宏编写的程序代码如下：

```
#define   V(a,b,c)   a*b*c
main()
  { float   x,y,z;   scanf("%f,%f,%f", &x ,&y,&z);   printf("体积=%f\n", V(x,y,z)); }
```

4. 用函数编写的程序代码如下：

```
area (float r1,float r2)
  { float   s,pi=3.14;   s=pi*r1*r1-pi*r2*r2;   return(s); }

main()
  { float   ra,rb;   scanf("%f,%f ", &ra,&rb);   printf("圆环面积=%f\n", area(ra,rb)); }
```

用带参数的宏编写的程序代码如下：

```
#define   S(r1,r2)   3.14*r1*r1-3.14*r2*r2
```

```
main()
  { float  ra,rb;  scanf("%f,%f", &ra,&rb);  printf("圆环面积=%f\n", S(ra,rb)); }
```

5. 用函数编写的程序代码如下：

```
fun(int x, int y)
  { int z;  z=(x>y)?x:y;  return(z); }

main()
{  int a,b,c,d,max;  scanf("%d,%d,%d,%d", &a, &b,&c,%d);
   max=fun(fun(a,b), fun(c,d));  printf("%d \n", max);
}
```

用带参数的宏编写的程序代码如下：

```
#define  F(x,y)   (x>y)?(x):(y)
main()
  {  int a,b,c,d,e,f,max;  scanf("%d,%d,%d,%d",&a,&b,&c,&d);
     e=F(a,b);  f=F(c,d);  max=F(e,f);  printf("%d \n", max);
  }
```

6. 用函数编写的程序代码如下：

```
#include  "math.h"
fun(int a,int b,int c)
 { float p,s;  p=(a+b+c)/2.0;  s=sqrt(p*(p–a)*(p–b)*(p–c));  return(s); }
main()
  { int x,y,z;  scanf("%d,%d,%d ",&x,&y,&z);  printf("%f \n", fun(x,y,z); }
```

用带参数的宏编写的程序代码如下：

```
#include  "math.h"
#define  T(a1,a2,a3)   (a1+a2+a3)/2.0
#define  S(p,x,y,z)  sqrt(p*(p–x)*(p–y)*(p–z))
main()
  {  int a,b,c; float q,area;  scanf("%d,%d,%d",&a,&b,&c);
     q=T(a,b,c);  area=S(q,a,b,c);  printf("%f \n", area);
  }
```

第9章

指　针

9.1 本章要点

9.1.1 指针变量的定义

定义指针变量的一般格式如下：

基类型　*指针变量名;

例如，“int *p1,*p2;”定义指针变量 p1、p2，基类型为整型，也就是 p1、p2 只能用于存放整型变量的地址(指针)。

注意：

(1) 上面定义的指针变量为 p1、p2，而不是*p1、*p2，*只是一个说明符，表示定义的是指针变量。另外，一个*只影响其后紧跟的一个变量，所以上面指针变量 p1、p2 的前面都有*。例如，如果变量定义的形式为“int *p1,p2;”，则 p1 是指针变量，p2 是整型变量。

(2) 类型标识符 int 用于声明指针变量 p1 和 p2 的“基类型”，并规定所定义的指针变量可以指向的变量的类型。

9.1.2 指针变量的赋值

设有定义“int *p1,*p2;”，则可通过以下 3 种方式为指针变量 p1 或 p2 赋值。

1. 使用取地址运算符(&)，把地址值赋给指针变量。

例如，“p1=&i；”，表示将变量 i 的内存地址赋给 p1。

注意：

(1) 取地址运算符&是一个单目运算符，其运算对象必须是一个变量。

(2) 运算对象的类型必须与指针变量的基类型相同。

2. 同类型指针变量间相互赋值。

例如，“p1=&i；p2=p1；”表示将使 p1 和 p2 均指向变量 i。

注意:

赋值运算符两边指针变量的类型必须相同。

3. 给指针变量赋空指针(NULL)，这种方式常用于对指针变量进行初始化。

如“p1=NULL;”。NULL是在stdio.h头文件中定义的一个符号常量，其真实值一般都为0，故在使用NULL之前，必须使用#include命令引入该头文件。当一个指针被赋予空指针时，不可以引用其所指向的单元。

9.1.3 对指针变量的操作

1. 通过间址运算符(*)引用指针变量所指向存储单元的内容

例如，有如下语句。

```
int i=123,*p,k;    p=&i;
```

(1) “k=*p;”，表示将变量i的值赋给了k，即k的值为123。

(2) “*p=10;”，表示将10赋给变量p指向的存储单元，即赋给了i，使i的值为10。

注意:

(1) 间址运算符*的运算对象必须出现在其右侧，且运算对象只能是指针变量或地址。

(2) 间址运算符*在形式上同乘法运算符。后者是双目运算符，而前者是单目运算符。当在同一个表达式中使用这两类运算符时，要特别留心，尤其对于初学者，可通过添加额外括号的方式使表达式的含义更加清晰。

(3) 间址运算符*与为定义指针变量所使用的符号相同，但定义指针变量是在函数的说明部分，而间址运算符*则是用在函数的执行体部分。

2. 指针变量加(减)一个整型值

指针变量加(减)一个整型值可实现指针的移动，一般用在对数组的操作中。

设有如下定义:

```
(1) float *p,*q, f[5];
(2) p=f;        /* (p=&f[0];) */
(3) q=&f[4];
(4) p=p+1;      /* (p++;) */
(5) q=q–1;      /* (q--;) */
(6) printf("%d\n",q–p);
```

第(2)行让指针变量p指向数组的首地址(C语言中规定，用数组名表示数组的首地址)，即数组第一个元素f[0]的地址。第(3)行让指针变量q指向数组的最后一个元素f[4]。第(4)行执行p=p+1，即执行p向数组尾方向移动一个元素，即p指向数组的第二个元素f[1]。第(5)行执行q=q–1，即指针变量向数组头方向移动一个元素，即指向数组元素f[3]。

注意:

(1) 指针变量每移动一个单位实际移动的存储字节数取决于指针的基类型，在上面的例子中，每移动一个单位实际移动4字节，即单精度浮点数占用内存空间的字节数。

(2) 执行指针变量移动操作时，一定要注意指针的当前位置，正常情况下不可移出数组范围。

3. 指针的相减

两个同类型且指向同一数组的指针可以进行减操作，表示两个指针之间相差的数组元素个数，如上面的语句“printf("%d\n",q–p);”，输出 2。也就是说，当前 q 指向的位置(f[3])和 p 指向的位置(f[1])，它们之间相距两个数组元素。

既然可以进行两个指针的相减运算，那么也可以对两个同类型且指向同一数组的指针变量进行如>、<、==等关系运算。

9.1.4 指向指针变量的指针变量

```
int *p1,**p2, i;
```

以上定义 p2 为一个指向指针变量的指针变量。在 p2 中只能存放指针变量的地址，且基类型必须相同。例如，“p1=&i；p2=&p1；”，可用*p1 或**p2 来引用变量 i。

9.1.5 数组与指针

1. 通过指针变量引用数组元素

(1) 一维数组元素的引用。

假设有语句“int a[10],*p,i; p=a;”，则指针变量 p 指向数组的第一个元素，即 a[0]，p+i 指向 a[i]，即 p+i 的值表示的是 a[i]的地址，而*(p+i)则是引用数组元素 a[i]，这也是对数组元素进行访问的一种常用手段。

(2) 通过指针数组引用二维数组元素。

假设有语句“int a[2][3],*p[2];”，则 p 是一个指针数组，即数组 p 的每个元素都是一个指针变量。执行下面的 for 循环：

```
for (i=0;i<2;i++)   p[i]=&a[i][0];
```

则 p[i]指向二维数组的第 i 行的第一个元素。

可通过如下形式之一引用二维数组元素 a[i][j]。

```
*(p[i]+j)          *(*(p+i)+j)          (*(p+i))[j]
```

(3) 使用行指针变量引用二维数组。

假设有语句“int a[2][3], (*ptr)[3];”，其中 ptr 是一个行指针变量，它指向包含 3 个整型元素的一维数组(注意：*ptr 两侧的圆括号不可少。如果写成*ptr[3]，则 ptr 将成为一个指针数组名)。执行“ptr=a;”后，数组 a 中元素 a[i][j]的引用形式可写成如下形式之一：

```
*(ptr[i]+j)          *(*(ptr+i)+j)          ptr[i][j]
```

这里需要注意的是二维数组行指针与列指针的联系与区别。

2. 通过字符型指针变量来引用字符串

例如“char *str="china";”，此处定义了一个字符型指针变量 str，该变量中存放的是字符串“china”的第一个字符的地址。

注意：

指针变量可以存放某一个数组的首地址，可以通过指针变量来引用数组元素。数组名是一个数组的首地址，也可以通过数组名来引用数组元素，但指针变量和数组名是不同的。数组名是一个常量，其值不能改变，也不能做自增、自减运算，而指针变量的值可以改变，可以做自增、自减运算。例如有语句“int a[10],*p; p=a;”，可以用*(p+1)形式来引用数组元素 a[1]。如果想引用数组元素 a[2]，可执行语句“p++; ”，执行该语句后，当前指针变量 p 中存放的就是 a[2]的地址；而 a++操作是非法的。

9.1.6 指针数组

指针数组的每个元素都是一个指针变量。示例如下：

```
char  *p[4];
```

此语句表示 p 是含有 4 个元素的数组，每个元素都是基类型为字符型的指针变量。指针数组常用于处理多个字符串。

9.1.7 指向函数的指针变量

指向函数的指针变量定义格式如下：

```
类型说明符 (*指针变量名)( );
```

类型说明符是指函数返回值的类型，如“int (*fp)( );”说明 fp 是一个指向函数的指针变量，该函数的返回值是整型。

注意：

在定义指向函数的指针变量时，千万不可忽略括号，其中两对括号都是必需的。

通过指向函数的指针变量可以实现对函数的间接调用，常将指向函数的指针变量作为函数的参数，以提高所定义函数的通用性，如求函数的定积分。

用指向函数的指针变量调用函数，具体分为如下两个步骤。

(1) 将函数的入口地址(函数名)赋给指向函数的指针变量。

(2) 使用指向函数的指针变量调用所指向的函数。

9.1.8 带参数的 main()函数

main 函数常见的函数原型如下：

```
int  main(int argc,char *argv[])
```

执行程序时，编译系统根据命令行的情况，自动给 main()函数的两个形参赋值。形参 argc 中得到的是命令行中参数的个数(各参数之间以空格相隔)，argv 是一个字符型指针数组，该数组的各元素中依次存放的是命令行中各参数所对应的字符串的首地址。

注意：

main()函数的参数名并非必须是 argc 或 argv，也可以为其他名称，但参数的类型是固定的，即第一个参数是整型，第二个参数是字符型指针数组。

9.1.9 void 类型的指针

可以定义 void 类型的指针变量，这种类型的指针变量通常被当作“通用型”指针变量。即可以用该类型的指针变量指向任何其他类型的变量，其他类型的变量地址可以直接赋值给 void 类型的指针；但将 void 类型的指针变量赋给其他类型的指针变量时，必须进行强制类型的转换。

例如，如下定义：

```
float a,*pa=&a;
void *p;
```

则“p=&a;”或“p=pa;”都是可行的，但“pa=p;”却不可行。

正确的做法是：“pa=(float *)p;”。

此外，需特别注意的是，不可以定义 void 类型的普通变量，即“void p;”是非法的。

9.2 本章难点

9.2.1 指针变量的概念

1. 变量的地址(指针)和变量的值

程序中定义变量后，系统在编译时，会根据变量的数据类型为其分配相应的内存单元。在内存中每一字节都有一个编号，即“地址”(相当于房间号)；变量的值即内存单元中存放的数据(相当于房间里“住的人”)。

内存空间是连续的，且是一维编址，即每一字节对应一个内存地址。如果一个变量需占用多字节，系统将为其分配一个连续的内存区域，且以该区域首字节的地址作为该变量的地址。

多数情况下，程序人员可直接使用变量名引用相应的内存单元，不必知道该变量在内存中的具体存放地址，由编译程序将其映射为相应的内存地址，然后访问其中的内容，这种访问方式称为变量的直接访问。通过访问指针变量取得某个变量的地址，然后通过该地址值访问相应内存单元的内容，称为变量的间接访问。

由于通过地址能够找到所需的变量单元，故常称存放“地址”的变量“指向”了某变量，而这种“指向”事实上是通过地址来实现的。换句话说，指针的本质就是地址，只不过是地址的另一个更为形象的名称而已。

2. 指针变量及其类型

指针变量和其他变量一样代表内存中的一个存储单元，只是指针变量所分配到的内存单元中只能存放变量的地址(指针)值。就像某个普通的非指针变量只能存放某个特定类型的数据那样，指针变量也只能存放某一个特定类型数据变量的地址，故在定义指针变量时，需要用基类型指定其可以存放的地址类型。

例如，下面的定义：

```
char *c;    int *p;    double *f;    char **cc;
```

这里定义 c 是字符型的指针变量，也就是说，c 中只能存放字符型变量的地址；p 中只能存放整型变量的地址；f 中只能存放实型变量的地址；cc 中只能存放字符型指针变量的地址。如果要把 c 的值赋给 p，可以通过强制类型转换来完成，如下所示：

```
p=(*int)c;
```

从技术上讲，虽然可以做到任何类型的指针均可指向内存中的任何位置，但是所有指针运算都与它的基类型密切相关。因此，正确定义指针类型及给指针赋正确的值至关重要。

3. 指针与指针变量

由于初学者往往对指针的本质不甚理解，很容易将指针与指针变量混为一谈，其实两者区别很大。所谓指针就是地址。而指针变量是一种变量，系统要为其分配内存区域。指针变量与其他变量不同的地方只是它的内存区域中存放的是另一个对象(变量)的地址值。用一个形象的比喻来描述，指针相当于房间号，而指针变量是一个特殊的房间。

9.2.2 对指针变量的操作

(1) 默认情况下，指针变量的初值不确定，因此程序中如果未给指针变量赋初值，则该指针变量的值是不确定的，称该指针变量为“无向指针”。正常情况下，在使用前，指针变量都应该有非常明确的指向，如确实没有特殊要求，也应该赋予空指针(NULL)。

(2) 指针变量可以通过地址运算符(&)获取变量的地址值。

(3) 不仅可以通过变量名来引用一个存储单元，还可以利用间址运算符(*)通过指针变量中的地址值来引用一个内存单元。假定有如下定义语句：

```
int   i=0,*p,k;    p=&i;
```

则在程序中，*p、*&i 和 i 等价，都可用来引用变量 i。与引用普通变量 i 一样，这种引用也可分为左值和右值，当出现在赋值号的左边时，如“*p=10；*&i=10；”，前者的含义是把 10 赋给 p 所指向的存储单元(i)，后者的含义是把 10 赋给地址&i 所代表的存储单元(i)，它们等价于“i=10;”；当*p 和*&i 出现在赋值运算符的右边时，相当于将变量 i 的值赋给左边的变量。

9.2.3 字符指针变量与字符数组的区别

虽然字符数组与字符指针变量都可用于实现字符的操作，但两者之间的区别甚大，主要体现在以下几个方面。

(1) 字符数组由若干个数组元素组成，每个数组元素中存放一个字符；而字符指针变量中存放的是地址(字符串的首地址)，绝不是将字符串的内容存放到字符指针变量中(这种情况也不可能出现。因为数组中的多个元素是不能存放在一个存储单元中的)。

(2) 赋值方式不同。基于(1)所述的区别，字符数组与字符指针变量的赋值方式不同，两者不可混用。对于字符数组，以下赋值方式是不允许的：

```
char str[30];
str="I love China";
```

但对于字符指针变量，却可以使用如下方式进行赋值：

```
char *s;
s="I love studying";
```

以上代码可以运行的原因是，“s="I love studying";”这种方式将字符串"I love studying"在内存中的首地址赋给了字符变量 s。那么，字符数组该如何“赋值”呢？这需要借助于 strcpy 函数，针对上面的例子，将其改为“strcpy(str, "I love China");”即可。

9.3 例题分析

例 9.1 若有以下定义和语句，且 0≤i<10，则对数组元素的引用错误的是(　　)。

```
int a[]={1,2,3,4,5,6,7,8,9,0},*p,i;   p=a;
```

A. *(a+i)　　B. a[p–a]　　C. p+i　　D. a[i]

解：对于答案 A，由于 C 语言规定数组名代表数组中第一个元素的地址，a+i 表示数组元素 a[i]的地址，*(a+i)代表该单元的内容，因此*(a+i)与 a[i]等价，故 A 是正确的引用。由此可知，D 也是正确的引用。

对于答案 B，由于指针变量 p 的初始值为数组 a 的首地址，即 p 指向 a，因此 p–a 的结果为 0，a[p–a]相当于 a[0]。

再看答案 C，指针变量 p 指向数组 a 的首地址，与整数值 i 相加后，结果仍是地址值，它表示数组 a 中下标为 i 的元素的地址。显然，这不是对数组元素的正确引用。

因此本例中 C 是错误的引用，应选 C。

例 9.2 对于基类型相同的两个指针变量不适合进行(　　)运算。

A +　　B –　　C =　　D ==

解：在 C 语言中，是否能进行运算关键要看运算结果是否有其物理含义。两个指针变量所存放的是指针(地址)值，相加的结果没有任何物理含义，也无法解释，故不能进行加运算，答案为 A。

例 9.3 以下程序用于查找数组元素的最大值及其在数组中的位置，数组元素由键盘输入，请从下列各组中分别选出正确的选项。

```
#include <stdio.h>
main()
 {int a[10],*p,*s,i;
  for (i=0;i<10;i++)   scanf("%d",____(1)____);
  for (p=a,s=a;____(2)____<10;p++)
     if (*p>*s)   s=____(3)____;
```

```
    printf("max=%d,index=%d\n",____(4)____,____(5)____);
}
```

(1) A. *(a+i)　　B. p+i　　C. a+i　　D. a[i]
(2) A. p–a　　B. s–a　　C. a–p　　D. a–s
(3) A. p　　B. a[p]　　C. a[s]　　D. a–p
(4) A. a[p–a]　　B. a[p]　　C. *s　　D. a[s]
(5) A. p–a　　B. p　　C. s–a　　D. a–s

解：对于第(1)组选项，由于 scanf 语句要求填入的是一个相应输入项的地址，因此，答案 A 和 D 显然不正确。而对于答案 B，由于在使用指针 p 之前未对其赋初值(未初始化)，因此，p+i 不能正确地表示数组 a 中元素的地址。而答案 C，数组名 a 代表了数组中第一个元素的地址，当 i 值从 0 变化到 9 时，a+i 表示了 a[0]到 a[9]各元素的地址，故答案 C 正确代表了 scanf 语句中输入项的地址。

对于第(2)组选项，答案 B、C、D 均将造成 for 语句的无限循环(由于 s–a 和 a–s 的结果均为 0，而 a–p 的结果总为负值，因此 for 语句中的条件表达式的结果永远为“真”)，只有答案 A 的表达式 p–a 正确表述了符合程序要求的 for 语句的循环条件。

对于第(3)组选项，根据题意要求，每次执行 for 循环时，都应将指针变量 s 指向当前数组中的最大元素。显然，答案 B 和 C 中给出的形式均不表示数组元素的地址，不能赋给指针变量 s；而答案 D 的计算结果为负值，也不能代表地址值。只有答案 A 中指针 p 在每次执行循环时能够正确地指向数组 a 中的每个元素。

对于第(4)组选项，根据程序对 printf 语句的要求，第一个输出项应当是数组中最大元素的值；根据以上对第(3)组选项的分析，可知指针 s 指向数组中最大的元素，而*s 表示该元素的值，因此只有答案 C 是正确的。对于其他 3 个答案，由于 A 和 B 中下标值均不符合输出数组 a 中最大元素的要求(a[p-a]退出 for 循环后代表元素 a[9])；而 a[s] 和 a[p]显然是对 a 数组元素的错误引用，因此这 3 个答案都是错误的。

对于第(5)组选项，应当从所给出的 4 个答案中找出一个能够正确表示数组 a 的最大元素下标的答案。在答案 A 中，p–a 的值在退出第二个 for 循环后为 10，显然与题意要求不符。而答案 D 中的 a–s 的结果只有当最大元素为 a[0](这时 s=a)时才正确。答案 B 中，p 是地址值，不是下标值。只有答案 C 中的 s–a 的结果能够正确表示指针 s(代表最大元素的地址)和 a(代表第一个元素的地址)之间的元素个数，即数组 a 中最大元素的下标值。故正确答案为 C。

例 9.4　若有定义“int a[4][10];”，则下列选项中对数组元素 a[i][j] (0≤i<4，0≤j<10)的错误引用是(　　)。

A. *(&a[0][0]+10*i+j)　　B. *(a+i)[j]　　C. *(*(a+i)+j)　　D. *(a[i]+j)

解：本题的关键是要弄清以下几点：

(1) 二维数组 a 中任一元素 a[i][j]的地址均可由表达式&a[0][0]+10*i+j 求出。

(2) *(a+i)+j 与 a[i]+j 等价，都表示 a 数组中的元素(a[i][j])的地址。

(3) 由于方括号[]的优先级高于*号，因此*(a+i)[j]相当于*(*(a+i+j))，而*(a+i+j)并不表示 a[i][j]的地址。

由上可知，答案 A、C、D 都是对数组元素 a[i][j]的合法引用，而答案 B 的引用方式是错误的，因此本题答案是 B。

例 9.5 通过以下程序建立一个二维数组，并按如下格式输出。请从对应的一组选项中，选出正确的一项填入程序中。

```
        1  0  0  0  1
        0  1  0  1  0
        0  0  1  0  0
        0  1  0  1  0
        1  0  0  0  1
#include <stdio.h>
main()
{int   a[5][5]={0},*p[5],i,j;
  for (i=0;i<5;i++)   p[i]=____(1)____;
  for (i=0;i<5;i++)   {*(p[i]+____(2)____)=1;   *(p[i]+4-____(3)____)=1; }
  for (i=0;i<5;i++)
    {for (j=0;j<5;j++)   printf("%2d",p[i][j]);
     _____(4)_____;
    }
}
```

(1) A. &a[i][0]　　B. &a[i][1]　　C. &p[i]　　D. &a[0][i]

(2) A. 0　　B. 1　　C.i　　D. (i+1)

(3) A. 0　　B. 1　　C. i　　D. (i+1)

(4) A. putchar("\n")　　B. putchar('\n')　　C. putchar('\0')　　D. printf('\n')

解：通过本题读者应该掌握如何利用一维指针数组来引用二维数组中的元素。

对于第(1)组选项，由于 p[i]是一个指向整型数据的指针变量，而答案 C 中的&p[i]是一个指针变量的地址，因此，它们的基类型不同，不能相互赋值。对于答案 A、B 和 D，虽然从 C 语言的语法角度来看，这 3 个答案都是合法的，但从程序中第二个 for 语句的循环体结构来看，只有答案 A 能够满足题意要求。当填入答案 A 后，该 for 语句将使指针数组 p 中的每个元素 p[i](0≤i<5)依次指向 a 数组中每行的首地址。

p[i]与 a 数组的关系如图 1-9-1 所示。

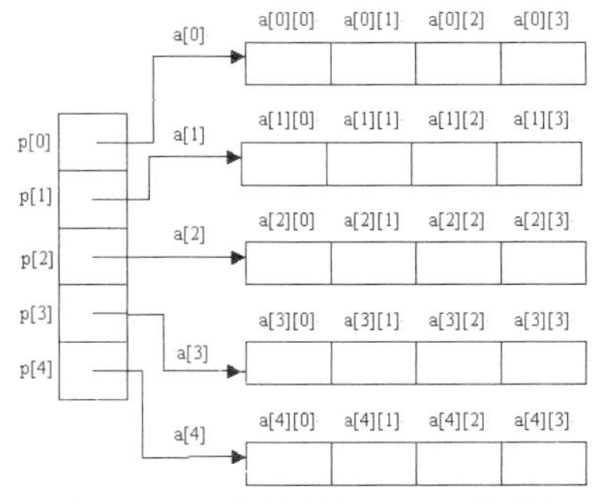

图 1-9-1　用指针数组处理二维数组

对于第(2)组选项，按照程序要求，应将二维数组 a 中主对角线上的元素都赋值为 1。由于现在对数组 a 中任一元素 a[i][j]的引用都可通过数组 p 来完成，即*(p[i]+j)与 a[i][j]等价；且主对角线上各元素的行、列下标相等，因此答案 C 是正确的。

同理，对第(3)组选项进行分析后可知，正确答案应当是 C。

对于第(4)组选项，根据本题对输出格式的要求，应当选择一个能够输出“换行”的输出函数。对于答案 A，由于 putchar()函数的自变量"\n"是字符串，而不是字符，故不正确。而答案 C 中输出的不是换行符；答案 D 中的 printf()函数的自变量'\n'是字符而不是字符串，因此，这两个答案均不正确。只有答案 B 满足题意要求和 C 语言的语法规则(转义字符'\n' 作为换行符)。

例 9.6 请写出以下程序运行后的输出结果。

```
#include <stdio.h>
#define  M  6
#define  NUM  21
main()
{int a[NUM],*p[M],i,j,next_row;
 for (i=0;i<M;i++)
    { next_row=i*(i+1)/2;   p[i]=&a[next_row]; }
 for (i=0;i<M;i++)
    { p[i][0]=1;   p[i][i]=1; }
 for (i=2;i<M;i++)
      for (j=1;j<i;j++)   p[i][j]=p[i-1][j-1]+p[i-1][j];
 for (i=0;i<M;i++)
      {for (j=0;j<=i;j++)   printf("%4d",p[i][j]);
       printf("\n");
      }
 }
```

解：本题的算法并不复杂，但能比较全面地综合考查对 C 语言中数组结构的理解程度。

程序中 a 数组是一个一维数组，共包含 21 个元素，p 是一个基类型为整型的指针数组，通过第一个 for 循环，建立如图 1-9-2 所示的存储结构。在逻辑上可以把此结构看成是一个只有下三角的矩阵结构，第 i 行中的元素可以通过指针 p[i]来引用，引用形式为*(p[i]+j)。由此可以演变为 p[i][j]，代表第 i 行第 j 列上的元素。

第二个 for 循环给每一行上的下标为 0 的列和对角线上的元素置 1。

第三个 for 循环从行下标 2 开始，引用每行中的元素，使它等于上一行、前一列上元素与上一行、同一列上元素之和，内循环变量 j 决定元素的列号，列号由 1 变化到 i–1。

第四个 for 循环用于输出整个下三角的值，其输出结果为如下形状的杨辉三角形：

```
1
1    1
1    2    1
1    3    3    1
1    4    6    4    1
1    5   10   10    5    1
```

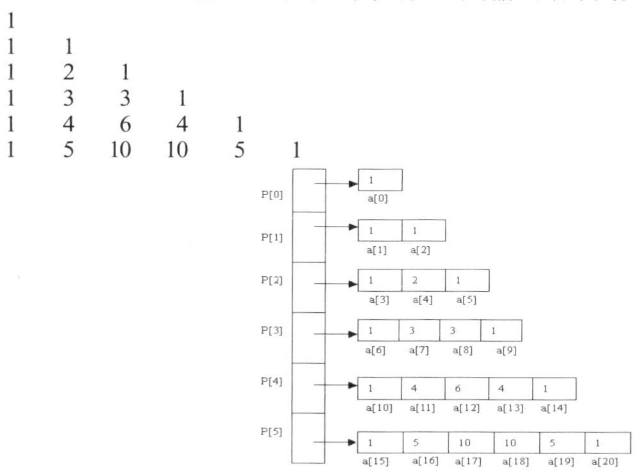

图 1-9-2　用指针数组处理杨辉三角形

例 9.7 下面程序的输出结果为( )。

```
char *alpha[6]={"ABCD","EFGH","IJKL","MNOP","QRST","UVWX"};
char **p;
main()
{int i;   p=alpha;
 for (i=0;i<4;i++)   printf("%c",*(*(p+i)));
 printf("\n");
}
```

A. AEIM B. DFJN C. ABCD D. DHLP

解：程序中定义了一个指针数组 alpha，它有 6 个元素。每个元素都是一个字符型指针变量，分别指向 6 个字符串的首地址。变量 p 是一个指向字符型指针变量的指针变量。当执行 p=alpha 后，它们之间的关系如图 1-9-3 所示。在随后的 for 循环中输出了 4 个字符。输出项*(*(p+i))中的*(p+i)即 alpha[i](存储的是下标为 i 的字符串的首地址)。所以输出项等效于*(alpha[i])，表示取 alpha[i]所指的存储单元(字符串第一个元素)的内容。i 从 0 变化到 3，所以输出字符依次为 A、E、I、M，故正确答案是 A。

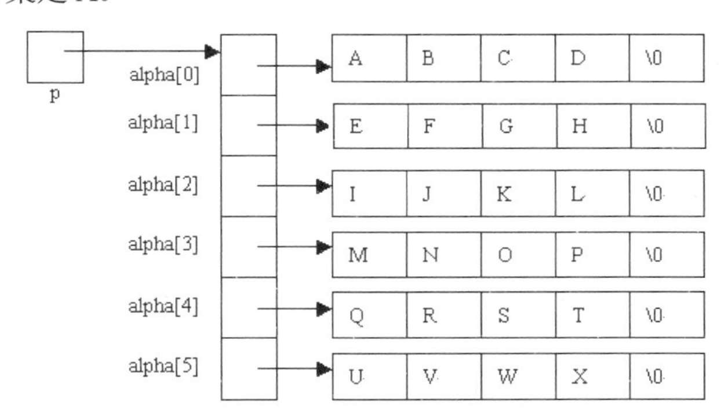

图 1-9-3 用指针数组处理字符串

例 9.8 以下程序运行的结果为( )。

```
void ss(char *s,char t)
{ while (*s)
   {if (*s= =t)   *s=t-'a'+'A';
    s++;
   }
}
main()
{char str1[100]="abcddfefdbd",c='d';
 ss(str1,c);   printf("%s\n",str1);
}
```

A. ABCDDEFEDBD B. abcDDfefDbD C. abcAAfefAbA D. Abcddfefdbd

解：在程序中，首先应注意到语句“if(*s= =t) *s=t–'a'+'A';”。该语句等价于语句“if(*s= =t) *s=t–('a'–'A');”，而该语句即是“if (*s= =t) *s=t–32; ”。即若 t 为小写字母，则 t–32 是其对应的大写字母。在此基础上再来阅读程序，可得出函数 ss 的功能是，将字符指针所指的字符串中的所有与字符变量 c 内容相同的字符改为原字符减 32。调用函数 ss 时，实参分别为字符数组名

str1 和字符变量名 c，字符指针指向字符数组 str1，而 c 的内容是字符'd'，因此字符串中所有字母 d 变为大写字母 D。故答案应选 B。

例 9.9 编写一个函数，用于完成将整数转换为 12 个月份的英文名称的字符指针。在 main()函数中，输入代表月份的整数，然后调用该函数，输出月份的英文名称。

解：首先，建立一个外部字符指针数组并初始化为英文名称的 12 个月份，然后建立函数 month()。该函数的功能为，当 1≤实参≤12 时，返回相应月份的字符指针，否则返回 NULL。在 main()函数中负责输入代表月份的整数和调用 month()函数。程序代码如下。

```
#include <stdio.h>
char *months[12]={"January","February","March","April","May","June",
        "July","August","September","October","November","December"};
char *month(int n)
  {if (n>=1 && n<=12)   return (months[n-1]);
   else   return NULL;
  }
  main()
  { int n;   char *p;
   printf("月份：");   scanf("%d",&n);
   p=month(n);
   if (p!=NULL)   printf("%2d 月的英文月份名称：%s\n",n,month(n));
   else   printf("%2d 月份不存在！\n",n);
  }
```

9.4 习 题

9.4.1 单项选择题

1. 关于下列定义和赋值语句说法正确的是(　　)。

   (1) char str[]="I am a boy. ";

   (2) char str[12]; str="I am a boy. ";

   (3) char *p="I am a boy. ";

   (4) char *p; p="I am a boy. ";

   A. 四组语句都正确　　B. (1)、(3)、(4)正确

   C. 只有(3)正确　　D. 四组语句都不正确

2. 若有定义“int a[10];　int *p=a;　int j=2,k=4,x;”，则错误的表达式是(　　)。

   A. p[j++]=a[--k];　　B. x=a[p-a];　　C. a=p+1;　　D. *p++=a[k++];

3. 已知“char *p1,*p2;”，则下列表达式中正确的是(　　)。

   A. p1/=300;　　B. p1*=&p2;　　C. p1=&p2;　　D. p1+=5;;

4. 若 p1、p2 是两个类型相同且指向同一数组的指针变量，则下列运算不合理的是(　　)。

   A. p1+p2　　B. p1–p2　　C. p1=p2　　D. p1==p2

5. 下列语句中，能正确定义 p 为指向 float 类型变量的指针变量，且使其指向变量 d 的是(　　)。

   A. float d,*p=d;　　B. float d,*p=&d;　　C. float　*p=&d,d;　　D. float d,p=d;

6. 已知“int a[10],*p=a;”，以下叙述中，正确的是(　　)。

A. *p 被赋初值为 a 数组的首地址　　B. *p 被赋初值为数组元素 a[0]的地址

C. p 被赋初值为数组元素 a[1]的地址　　D. p 被赋初值为数组元素 a[0]的地址

7. 假如指针 p 已经指向某个整型变量 x，且 x 的当前值为 5，则执行“(*p)++;”后，x 的值为(　　)。

A. 5　　B. 6　　C. 7　　D. 8

8. 已知“int a[4][5];”，则 a+3 相当于(　　)。

A. &a[0][3]　　B. a[0][3]　　C. &a[3]　　D. a[3][0]

9. 已知“int a[4][5];”，则*(*a+1)+2 相当于(　　)。

A. a[1][0]+2　　B. &a[1][2]　　C. a[0][1]+2　　D. a[1][2]

10. 已知“int a[4][5];”，引用 a[1]+3 表示(　　)。

A. a[1][3]的地址　　B. a 数组第 4 行的首地址

C. a[1][3]的值　　D. a 数组第 4 列元素的首地址

11. 已知“int a[4][5];”，下列表达式错误的是(　　)。

A. *a　　B. *(*(a+2)+3)　　C. &a[2][3]　　D. ++a

12. 下列运算符中优先级最高的是(　　)。

A. !　　B. *　　C. ->　　D. ++

13. 设有定义“float　*p[4];”，则下列叙述中正确的是(　　)。

A. 该定义不正确，形如“char *p[4];”的定义才是正确的

B. 该定义正确，p 是指向一维实型数组的指针变量

C. 该定义不正确，C 语言中不允许类似的定义

D. 该定义正确，定义了一个指针数组 p

14. 有如下程序段，则下列说法正确的是(　　)。

```
int m[3][4]={1,2,3,4,5,6,7,8}; printf("%d,",*(*(m+1)+1));
```

A. 输出 1　　B. 输出 6　　C. 输出 5　　D. 输出 2

15. 如下程序段的输出结果是(　　)。

```
char a[ ]={“abcdef”};    char *p=a;
*(p+2)=*(p+2)+3;    printf("%c,%c\n",*p,*(p+2));
```

A. d,f　　B. a,c　　C. a,f　　D. f,e

16. 执行如下程序段，输出结果是(　　)。

```
char *p="student";    p++;    printf("%d",p);
```

A. student　　B. tudent　　C. t　　D. 字符 t 的地址

17. 设有语句“int　(*ptr)[M];”，其中 ptr 是(　　)。

A. 长度为 M 的指针数组

B. 指向函数的指针变量

C. 指向有 M 个元素的整型一维数组的指针变量

D. 以上说法都不正确

18. 有如下程序，则下列说法正确的是(　　)。

```
main()
{ int m[12], *p[3], k,sum=0;
  for( k=0; k<12; k++)
    { m[k]=2*k;
      if (k<3)   p[k]=m+2*k*k;
    }
  for(k=0; k<3; k++)   sum+=*p[k];
  printf("%d\n", sum);
}
```

A. 输出 12　　B. 输出 20　　C. 输出 6　　D. 输出 3

19. 已知定义“char　**s;”，则下列语句正确的是(　　)。

A. s="computer";　　B. *s="computer";

C. **s="computer";　　D. *s='A';

20. 语句“int (*p)( )”的含义是(　　)。

A. p 是一个指向一维数组的指针变量

B. p 是指针变量，指向一个整型数据

C. p 是一个指向函数的指针变量，该函数的返回值为整型

D. 以上答案都不正确

21. 设有定义“char *p1,*p2,*p3,*p4,ch;”，则以下给变量的赋值不正确的是(　　)。

A. p1=&ch;scanf("%c",p1) ;　　B. p2=(char *)malloc(1);scanf("%c",p2) ;

C. *p3=getchar();　　D. p4=&ch;*p4=getchar();

22. 有以下说明语句，若要引用字符串中的字符，则(　　)是错误的。

```
char *strp="string";   int i=2;
```

A. *strp　　B. *(strp+i)　　C. strp[i]　　D. strp

23. 设有“char s[10]= "abcdef"; int i=3;”，则以下表达式正确的是(　　)。

A. s[10];　　B. *(s+i)　　C. *(&s+i)　　D. *((s++)+i)

24. 下列程序的输出结果是(　　)。

```
#include <stdio.h>
  void swp(int *x, int *y)
     { int *t;   t=x;   x=y;   y=t;   }
  int main()
    {int a=4,b=6;   swp(a,b);       printf("%d,%d\n",a,b);
     return 0;
    }
```

A. 4,4　　B. 6,4　　C. 4,6　　D. 6,6

25. 设 p、q 是两个类型相同且指向同一数组的指针变量，则以下不适合的运算是(　　)。

A. p<q　　B. p>q　　C. p+q　　D. q!=p

26. 当调用函数时，实参是数组名 a，则向函数传递的是(　　)。

A. a 的长度　　B. a 的首地址　　C. 元素 a[1]的地址　　D.元素 a[0]的值

27. 下列程序的输出结果是(　　)。

```
int main()
{ char s[ ]="Shanghai ";    char *ps=s+5;    printf("%c,%s\n",*ps, ps);
  return 0;
}
```

A. h,h　　B. h,hai　　C. g,g;　　D. g,ghai

28. 设有语句“char str1[ ]="string",str2[10],*str3,*str4="string";”，以下(　　)是错误的。

A. strcpy(str1, "hello");　　B. strcpy(str2, str1);

C. strcpy(str3+str4, "hello");　　D. strcpy(str2, strcat(str4, "hello"));

29. 如下程序的输出结果是(　　)。

```
#include <stdio.h>
void fun(char *s,char t )
{ while(*s)
    if(*s= =t)    strcpy(s,s+1);
    else   s++;
}
main( )
{ char str[100]= "ABcDDcbA",c= 'D';
  fun(str,c);    puts(str);
 }
```

A. ABcDDDDcbA　　B. AbccbA　　C. abcDDcbA　　D. ABcddcbA

30. 如下程序的运行结果是(　　)。

```
#include <stdio.h>
main()
{ int a=28,b;    char s[20],*ps;    ps=s;
   do
   { b=a%16;
   if(b<10)   *ps=b+'0';
    else   *ps=b+7+'0';
    ps++;   a=a/5;
    }while(a);
  *ps='\0';   puts(s);
  }
```

A. 10　　B. C2　　C. C51　　D. \0

9.4.2　填空题

1. 在定义语句“int a=7; int *point;”中，让指针 point 指向 a 的语句是__(1)__；当 point 指向 a 后，__(2)__与 point 等价；__(3)__与*point 等价；(*point)++与__(4)__等价；执行 point++后，则变量 a 的值为__(5)__。

2. 定义语句“static int a[5]={1,2,3,4,5}; int *p;　p=&a[0];”，与 p=&a[0]等价的是__(1)__；p[3]__(2)__(是/不是)合法的写法；语句“p=(a+3);”__(3)__(是/不是)合法的语句；*(p+1)的值是__(4)__，*(a+2)的值是__(5)__。

3. 定义a 为有5个元素的一维字符型数组，同时定义p为指向a数组首地址的指针变量的语句为__________。

4. 定义a 为有4行5列的二维整型数组，同时定义p为指向a数组首地址的指针变量的语句为__________。

5. 执行语句“char a[ ]="zhong",*p=a; int i; for(i=0;*p!='\0';p++,i++);”后，i的值为___。

6. 若定义了“int i,a[10],b[6][2],*p=a,**q;”，则下列表达式合法的是_______。

(1)p=&i;　(2)p+=5;　(3)p==q;　(4)&*a;　(5)&*b[0][1];　(6)&a--;

(7)&q++;　(8)q=&p;　(9)q=&(p==&i);　(10)&**q=p;　(11)p=p+1;

(12)q=p;　(13)!p;　(14) – p;　(15)b[1]++;　(16)&b[1][4];

7. 设已定义了“int　*a[4][4];”，与a[2][3]等价的表达式是__________。

(1)*a[2]+3;　(2) (&a)[2][3];　(3)*(*(a+2)+3);　(4)*(*a+2)[3];

(5)*(a[2]+3);　(6)&*a[2][3];　(7)*&a[2][3];　(8)((void*)a)[2][3];

(9)(&*a)[2][3];　(10)(*a+2)[3];　(11)(a[2])[3];　(12)(int *)a[2][3];

8. 若定义了“int a[3][4]={{1,2,3},{10,20},{5,6,7}}; int *p; p=&a[0][0];”,与语句“p=&a[0][0];”等价的语句为__(1)__。*(p+5)的值为__(2)__，*(a[2]+2)的值为__(3)__。

9. 对于函数声明语句“float　min(float,float);”，定义一个指向此函数的指针 p 的语句是(1)____；将此函数入口地址赋给这个指针p的语句是____(2)____；用此指针调用此函数的语句(实参为a、b)是_____(3)_____。

10. 以下程序以每行输出8个数据的形式输出数组a的各个元素，请填空。

```
#include <stdio.h>
main()
{int a[50],i,*p;
 for (p=a,i=0;i<50;i++)   scanf("%d",____(1)____);
 for (p=a,i=0;i<50;i++)
    {if (___(2)___)      ____(3)____
     printf("%3d",*(p+i));
    }
}
```

11. 以下程序实现将数组各元素逆序存放，请填空。

```
#include <stdio.h>
#define   SIZE   12
main()
{ int a[SIZE],i,j,t,*p,*q;
   for (i=0;i<SIZE;i++)   scanf("%d",&a[i]);
   p=a;   q=____(1)____
   while (____(2)____)
        {t=*p; ____(3)____; ____(4)____; ____(5)____;   q--; }
   for (i=0;i<SIZE;i++) printf("%3d",a[i]);   printf("\n");
}
```

12. 以下程序输入由无符号八进制数构成的字符串，将其转换为十进制数。

```
#include <stdio.h>
main()
```

```
{ char *p,s[10];   int n=0;      ____(1)____      gets(p);
  while(____(2)____)
    { n=n*8+(*p)-'0';       p++; }
  printf("%d\n",n);
}
```

9.4.3 阅读程序写结果题

1. main()
```
{int   a[]={1,2,3,4,5,6};    int   *p, i;
 p=a; *(p+3)+=2; printf("n1=%d,n2=%d",*p,*(p+3));
}
```

2. # include <stdio.h>
```
main()
{int   i, j, *p, *q;
 i=2;   j=10;   p=&i;   q=&j;   *p=10;   *q=2;   printf("i=%d,j=%d\n",i,j);
}
```

3. # include <stdio.h>
```
main()
{int   i, *p;   p=&i;   *p=2;   p++;   *p=5;
 printf("%d,",*p);   p--;   printf("%d\n",*p);
}
```

4. # include <stdio.h>
```
main()
{int *p,i;   i=5;   p=&i;   i=*p+10;   printf("i=%d\n",i); }
```

5. # include <stdio.h>
```
main()
 {int a[ ]={2,3,4}, s,i,*p;   s=1;   p=a;   for(i=0;i<3;i++)   s*=*(p+i);
  printf("s=%d\n",s);
 }
```

6. #include <stdio.h>
```
   main()
 {int   a[ ]={1,2,3,4,5,6},*p;
  for(p=&a[5]; p>=a; p--)   printf("%d",*p);
 }
```

7. # include <stdio.h>
```
main()
{char   ch[2][3]={"69", "82"},*p[2];   int i,j,s=0;
 for (i=0;i<2;i++)   p[i]=ch[i];
 for (i=0;i<2;i++)
    for (j=0; p[i][j]>'\0' && p[i][j]<= '9'; j++)   s=10*s+p[i][j]- '0';
 printf("%d\n",s);
}
```

8. # include <stdio.h>
```
main()
```

```
{char  *p1,*p2,str[20]= "xyz";   p1="abcd";  p2="ABCD";
 strcpy(str+1,strcat(p1+1,p2+1));  printf("%s",str);
}
```

9.
```
swap (int  *pt1,  int  *pt2)
    {int i;  i=*pt1; *pt1=*pt2; *pt2=i; }
  exchange(int  *q1, int  *q2, int  *q3)
   {if  (*q1<*q2)  swap(q1,q2);
    if  (*q1<*q3)  swap(q1,q3);
    if  (*q2<*q3)  swap(q2,q3);
   }
main()
 {int a,b,c, *p1,*p2,*p3;  p1=&a;  p2=&b;  p3=&c;  *p1=3;  *p2=6;  *p3=9;
  exchange(p1,p2,p3);  printf("a=%d,b=%d,c=%d",a,b,c);
 }
```

10. 设如下程序所在文件的文件名为 myprog.c，编译后输入命令 myprog one two three。

```
#include <stdio.h>
 main(int argc, char *argv[ ])
 {int i;
  for(i=1;i<argc;i++)  printf("%s%c", argv[i],  (i<argc-1)  ?  ' '  :  '\n');
 }
```

11.
```
main()
 { int  a[6]={1,3,5,7,9,11}, b[6]={10,2,6,5,3,21}, *p1, *p2, k=0;  p1=a;  p2=b;
  for(i=1;i<6;i++)  if (*(p1+i)<*(p2+i)) k++;
  printf("\n%d\n",k);
 }
```

12.
```
# include <stdio.h>
 main()
 {int  a[ ]={1,3,5,7,9},*p=a;
  printf("%3d",(*p++)); printf("%3d",*(++p)); printf("%3d\n",(*++p)++);
 }
```

13. 如下程序所在文件的文件名为 wen.c，运行时输入的命令行参数为:

wen God Save me

```
main (int argc, char *argv[ ])
 {while (--argc)  printf("%2c", *(*(++argv)));  }
```

14.
```
char  *strcat(char  *str1, char  *str2)
 { char *t=str1;
  while ( *str1!= '\0' ) str1++;
  while (*str2!= '\0' )  *str1++=*str2++;
  return(t);
 }
 main()     /*运行此程序，给 s1 和 s2 分别输入 student 和 teacher。*/
 {char  s1[40],s2[20],*p1,*p2;
```

```
    gets(s1); gets(s2); p1=s1; p2=s2;
    printf("\n%s\n",strcat(p1,p2));
   }
```

15.
```
main( )
   {static int aa[3][3]={{2},{4},{6}},i,*p=&aa[0][0];
    for (i=0;i<2;i++)
       {if (i==0)   aa[i][i+1]=*p+1;
        else   ++p;
        printf("%d",*p);
       }
    printf("\n");
   }
```

问：(1)aa 数组 9 个元素的值是什么？(2)程序的输出结果是什么？

9.4.4 编写程序题(要求使用指针)

1. 从键盘输入 3 个整数，定义 3 个指针变量 p1、p2、p3，使 p1 指向 3 个数中的最大者，p2 指向次大者，p3 指向最小者，然后按从大到小的顺序输出这 3 个数。

2. 对包含 100 个整数的一维数组，找出其中能被 3 或 5 整除的数，存储到另一个数组中并输出。

3. 按照字典排序方式对若干个字符串排序。

4. 计算从键盘输入的 100 个实数的平均值，并输出这 100 个实数及其平均值。

5. 编写一个函数，完成两个字符串的连接，但不要使用字符串连接函数 strcat。

6. 编写一个函数，在给定的一个英文句子中查找某个英文单词，若找到则返回该英文单词第一次出现的位置，否则返回 －1(不允许使用 strstr 函数)。

7. 输入一串字符，统计其中字符 a~f 每个出现的频率(百分比)。

8. 输入一个 1 到 10 的整型数，输出与该整型数对应的英语单词。例如，输入 1，输出 one；输入 2，输出 two，……，输入 10，输出 ten。

9. 编写一个函数，对存储在一维数组中的英文句子统计其中的单词个数。单词之间用空格分隔。

10. 找出矩阵某一行(行数从键盘输入，行数从 0 开始)中的最大数。

11. 从键盘输入 a 和 b 两个整数，在矩阵中查找与 a 相同的数，找到后用 b 替换。

12. 定义一个函数，函数原型为 int replace(char s, char t, char *str)，该函数的功能是将字符串 str 的参数 s 所指定的字符替换为字符参数 t 所指定的字符，将替换次数作为函数返回值。然后，定义主函数调用该函数。

13. 编写一个函数，其函数原型为 int day_of_year(int year,int month,int day)，3 个参数分别指定某天的年、月和日值，函数返回该天是当年的第几天。

14. 已知二维数组中存放了20个不同的单词(每个小于10个字符)。从键盘输入一个单词，查找该单词所在的位置(行数)。

15. 用矩形法分别求函数 y=sin(x)在[0,1]区间上的定积分、y=cos(x)在[－1,1]区间上的定积分、$y=5x^2+6x+7$ 在[1,3]区间上的定积分，要求使用指向函数的指针变量。

9.5 习题参考答案

9.5.1 单项选择题答案

1. B	2. C	3. D	4. A	5. B	6. D	7. B	8. C	9. C	10. A
11. D	12. C	13. D	14. B	15. C	16.D	17. C	18. B	19. B	20. C
21. C	22. D	23. B	24. C	25. C	26. B	27. B	28. C	29. B	30. C

9.5.2 填空题答案

1. (1) point=&a (2) &a, (3) a (4) a++ (5) 7;
2. (1) p=a (2) 是 (3) 是 (4) 2 (5) 3;
3. char a[5],*p=a; 4. int a[4][5],*p=a 5. 5
6. (1),(2),(4),(8),(11),(13),(16) 7. (3),(5),(7),(11),(12)
8. (1) p=a[0] (2) 20 (3) 7
9. (1) float (*p)( ); (2) p=min; (3) (*p)(a,b);
10. (1) &a[i]或 a+i 或 p+i (2) i%8==0 (3) printf("\n")
11. (1) a+SIZE-1 (2) p<=q (3) *p=*q (4) *q=t (5) p++
12. (1) p=s; (2) *p!= '\0'

9.5.3 阅读程序写结果题答案

1. n1=1,n2=6 2. i=10,j=2 3. 5,2
4. i=15 5. s=24 6. 654321
7. 6982 8. xbcdBCD 9. a=9,b=6,c=3
10. one two three 11. 2
12. 1 5 7 (*p++等价于*(p++);因*和++优先级相同，自右向左结合)
13. G S m 14. studentteacher
15. (1) aa 数组的 9 个元素分别为{{2,3,0},{4,0,0},{6,0,0}}。(2) 程序的输出结果为 3

9.5.4 编写程序题参考答案

1.
```
# include "stdio.h"
main()
{ int a1,a2,a3,*p=NULL,*p1,*p2,*p3;    p1=&a1; p2=&a2; p3=&a3;
  scanf("%d,%d,%d",p1,p2,p3);
  if (*p1<*p2)    {p=p1; p1=p2; p2=p; }
```

```
    if (*p1<*p3)  {p=p1; p1=p3; p3=p; }
    if (*p2<*p3)  {p=p2; p2=p3; p3=p; }
    printf("%d,%d,%d\n",*p1,*p2,*p3);
  }
```

2. main()

```
  { int i,j=0,a[100],b[100],*p;
    for (p=a ,i=0;i<100;i++)  scanf("%d",p++);
    for (p=a ,i=0;i<100;i++,p++)
        if ((*p)%3==0||(*p)%5==0)  b[j++]=*p;
    for (i=0;i<j;i++)  printf("%d,",b[i]);  /*输出被3或5整除的元素*/
  }
```

3. #include <stdio.h>

```
   main()
   {char  *cp[6]={"red","green","blue","white","yellow","black"};  int  i,j,k;  char  *t;
    for (i=0;i<6;i++)
      { k=i;
        for (j=i+1;j<6;j++)
          if (strcmp(cp[j],cp[k])<0)  k=j;
        if (k!=i)  { t=cp[i];  cp[i]=cp[k];  cp[k]=t; }
      }
    for (i=0;i<6;i++)  printf("\n%s",cp[i]);
   }
```

4. main()

```
  { int i; float a[100],*p, aver=0;
    for (p=a ,i=0;i<100;i++)  scanf("%f", p++);
    for (p=a,i=0;i<100;i++,p++)  aver=aver+*p;
    aver=aver/100;
    for (p=a,i=0;i<100;i++,p++)  printf("%f, ", *p);
    printf("%f\n",aver);
  }
```

5.

```
  char  *concat(char *dst,char *src)
     {char *p,*q;  p=dst;
      while (*p!= '\0' )  p++;
      for (q=src; *q!= '\0'; q++,p++)  *p=*q;
      *p='\0';
      return(dst);
     }
  main()
    {char  s1[80],s2[40];
      gets(s1);gets(s2);  puts(concat(s1,s2));
     }
```

6. #include <string.h>

```
   int  seek_substr(char *dst,char *src)  /*在src指向的字符串中搜索dst指向的字符串*/
    { int i, j, len_s, len_t;
      char *next_s;   len_s=strlen(src);   len_t=strlen(dst);
      for (i=0; i<=len_s-len_t+1; i++)
        { next_s=src+i;
```

```
        for (;*dst==*next_s && *dst!= '\0'; dst++, next_s++);
        if (*dst== '\0')   return(i);
      }
    return(-1);
  }
```

7.
```
main()
 {int i,j,num[6]={0},n=0;   char s[40];    printf ("please input:");   scanf ("%s",s);
  for (i=0;s[i]!='\0';i++)
    {n++;   j=s[i]-'a';
     if (j>=0 && j<=5)   num[j]++;
    }
  for (i=0;i<6;i++)
    {num[i]=num[i]*100.0/n+0.5;
     printf("%d %% ,",num[i]);
    }
 }
```

8.
```
#include "stdio.h"
char *month_name(int n);
main()
 {int n;   printf ("\nPlease enter 1 integer(1—10):");   scanf("%d",&n);
  if (n>=1||n<=10)   printf ("%d, %s\n",n,month_name(n));
  else   printf ("Input error! \n");
  }
char *month_name(int n)
  {static char *name[ ]=
         {"","one","two","three","four","five","six","seven","eight ","nine","ten",);
   return (name[n]);
  }
```

9.
```
#include "stdio.h"
int count_word(char *str);
main()
{ char str1[80],c,res;      puts("\nPlease enter a string:");   gets(str1);
 printf("There are %d words in this sentence",count_word(str1));
}
int count_word(char *str)
{int count,flag;   char *p;   count=0;   flag=0;   p=str;
 while (*p!='\0')
   {if (*p= =32) flag=0;     /*空格的 ASCII 码值为 32*/
    else if (flag= =0)   { flag=1;   count++; }   /*若 p 指向的字符不是空格，则表示单词出现了*/
    p++;
   }
 return(count);
}
```

10.
```
# define   M   4
# define   N   8
main()
{ int n,i,j,max,s[M][N],(*p)[N]; p=s
```

```
    for (i=0;i<M;i++)
      for (j=0;j<N;j++)  scanf("%d",&s[i][j]);
    printf("请输入行下标(从 0 开始): ");  scanf("%d",&n);
    max=s[n][0];
    for (j=1;j<N;j++)  if (max<*(*(p+n)+j))  max=*(*(p+n)+j);
    printf("行下标为%d 的一行中最大数是%d",n,max);
  }
```

11.
```
#define  M  3
#define  N  5
main()
{ int a,b,i,j,s[M][N],*p;  p=s;
  for (i=0;i<M;i++)
    for (j=0;j<N;j++)  scanf("%d",p++);
  scanf("%d,%d",&a,&b);
  for (i=0;i<M;i++)
    for (j=0;j<N;j++)
      if (s[i][j]==a) s[i][j]=b;
}
```

12.
```
#include <stdio.h>
 int replace(char s,char t,char *str)
 {char *ps;    int cnt=0;
  ps=str;
  while(*ps!='\0')
    { if(*ps==s)
        {*ps=t;  cnt++; }
      ps++;
    }
  return (cnt);
 }
main()
{char str[80],ch1,ch2;    int n;
 printf("Please input the source string: ");    gets(str);
 printf("Please enter the replaced char: ");    ch1=getchar();
 printf("Please enter the target char: ");
 getchar();ch2=getchar();    /*为 ch1 从键盘赋值后会按回车键，前一个 getchar()用于抵销回车符*/
 n=replace(ch1,ch2,str);
 if(n>0)
   {printf("the total of replaced chars is %d\n",n);
    puts(str);
   }
  else
    printf("%c is not fount in %s, so no replace happened\n",ch1,str);
  return 0;
 }
```

13.
```
#include <stdio.h>
int daytab[2][13]=
  {{0, 31, 28, 31, 30, 31, 30, 31, 31, 30, 31, 30, 31},
  {0, 31, 29, 31, 30, 31, 30, 31, 31, 30, 31, 30, 31}};
```

```
int day_of_year(int year,int month,int day)
{ int i,leap;   /*leap 判断是否为闰年，若是则 leap=1，否则 leap=0*/
  leap=(year%4= =0)&&(year%100!=0)||(year%400= =0);
  if(month<1 || month >12)      return -1;
  if(day<1||day>daytab[leap][month])     return -1;
  for(i=1;i<month;i++)      day+=daytab[leap][i];
  return day;
}
```

14.
```
#include "stdio.h"
#include "string.h"
main( )
{ int n,m=-1;   char s[20][10], c[10],(*p)[10];   p=s;   /*s 存放 20 个单词,c 存放一个单词*/
 for (n=0; n<20; n++,p++)   gets(p);    /*输入 20 个单词，分别存放在数组 s 的每一行*/
 gets(c);       /*输入一个被查找的单词*/
 for (p=s, n=0; n<20; n++,p++)
   if(strcmp(p,c)= =0)     { m=n;   break; }
 if(m= =-1)     printf("找不到！ \n");
 else   printf("%s 位于两维数组的第%d 行.\n", c, m+1);
 }
```

15.
```
# include "math.h"
 float f1(float x)                         /*计算 y=sin(x)函数的值*/
   {float y; y=sin(x); return(y);}
 float f2(float x)                         /*计算 y=cos(x)函数的值*/
   {float y; y=cos(x); return(y);}
 float f3(float x)                         /*计算 y=5x^2+6x+7 函数的值*/
   {float y; y=5*x*x+6*x+7;return(y);}
 float djf(float (*p)(float), float e, float f)    /*矩形法求定积分*/
   {int i,n=100; float h,s=0,x;
    h=(f-e)/100;   x=e;
    for(i=1;i<=n;i++)
         {x=x+h;
          s=s+h*(*p)(x);
         }
    return(s);
   }
 main()
   {float a,b,s1,s2,s3,(*p)(float);
    a=0; b=1; p=f1; s1=djf(p,a,b);
    a=-1; b=1; p=f2; s2=djf(p,a,b);
    a=1; b=3; p=f3; s3=djf(p,a,b);
    printf("%f,%f,%f\n",s1,s2,s3);
  }
```

第 10 章

结构体与其他数据类型

10.1 本章要点

10.1.1 结构体概述

结构体是一种构造类型，它是由若干个“成员”组成的。每一个成员的类型既可以是基本数据类型，也可以是一个构造类型。

10.1.2 定义结构体类型变量的方法

声明结构体类型的一般格式如下：

```
struct  结构体名
{
   成员列表
};
```

成员列表由若干个成员组成，每个成员都是该结构体的一个组成部分。对每个成员也必须进行类型说明。

定义结构体变量有如下 3 种方法：

(1) 先声明结构体类型，再定义该类型的变量。

(2) 在声明结构体类型的同时，定义该类型的变量。

(3) 只定义结构体类型的变量，而不给出显式的结构体类型名称。

10.1.3 结构体变量的引用和初始化

不能对结构体变量进行整体输入、输出，只能对结构体变量的每个成员分别进行输入、输出。引用结构体变量成员的一般格式如下：

```
结构变量名.成员名
```

如果结构体的成员本身仍然是结构体类型，则应使用若干个成员运算符“.”逐级找到最低一级的成员，对其进行输入或输出。

可以采用逐个对结构体成员进行指定初始值的方法对结构体变量进行初始化，其形式类似于数组的初始化，只是数组各元素的类型相同，而结构体各成员的数据类型可能不同。

10.1.4 结构体数组

结构体数组就是数组元素的类型是结构体类型的数组，即结构体数组的每一个元素都是具有相同结构体类型的结构体变量。在实际应用中，常用结构体数组来表示具有相同数据结构的一个群体，如一个班的学生档案，一个车间职工的工资表等。

结构体数组的定义方法与其他类型的数组定义类似，只需要指出数组的类型为结构体类型即可。

10.1.5 指向结构体数据的指针

1. 指向结构体变量的指针

使用一个指针变量来指向一个结构体变量时，该指针变量被称为指向结构体的指针变量。定义指向结构体的指针变量的一般格式如下：

```
struct  结构体名  *指针变量名
```

用指向结构体的指针变量引用结构体成员的两种格式如下：

```
(1)  (*指针变量名).成员名
(2)  指针变量名->成员名
```

“->”是一个整体，也是成员运算符，拥有与“.”相同的优先级。需要注意的是，“->”的左边连接的是指针变量，而“.”左边连接的是普通变量。

2. 指向结构体数组的指针

指向结构体的指针变量可以指向与其基类型相同的结构体数组，这时，指向结构体的指针变量的值是整个结构体数组的首地址。指向结构体的指针变量也可以指向结构体数组的一个元素，这时，指向结构体的指针变量的值是该结构体数组元素的首地址。

3. 结构体指针变量作为函数参数

在 ANSI C 标准中，允许用结构体变量作为函数参数进行整体传递。但是，这种传递需要将全部成员逐个赋值，当结构体所含成员较多时，会影响程序的效率。因此更好的选择还是使用指针，即用指向结构体的指针变量作为函数参数。这时，由实参传向形参的只是地址，从而降低了时空开销。

4. 用指针引用结构体变量的成员

对于结构体变量的成员，可以定义与其成员同类型的指针变量进行引用，这与通过指针引用同类型的普通变量的方法相同。

10.1.6　用指针处理链表

1. 链表概述

链表是计算机程序中常见且十分重要的数据结构，通过在节点中设置链表域来维系节点之间的相互关系(数组依靠元素间的位置关系来维系其间的相互关系)，可以根据节点中指针域的数量来构成单链表、双链表等多种链表结构。

单链表结构如下。

```
struct node
  { Data_type data;        /*该成员用来存放数据，这样的结构体成员可以有多个*/
    struct node *link;     /*用于维系链接关系的指针域*/
  }
```

2. 动态存储分配

真正有实用价值的链表，其节点都是动态分配的，即需要时创建一个节点，用完后其所占用的存储空间由编译程序收回。常用于实现动态存储分配与回收的 C 库函数如下所述。

(1) malloc()函数

该函数用于在内存中分配一个指定长度(以字节为单位)的存储空间，调用格式如下：

```
malloc(size)
```

其作用是在内存的动态存储区中分配长度为 size 的连续空间(以字节为单位)。

使用 malloc()函数时应注意：当内存中不能提供足够的存储空间来分配时，该函数返回 NULL 值(空值)；否则返回代表所分配存储空间的首字节的地址。

在老版本 C 语言中，该地址的基类型为字符型。如果需要得到其他基类型的地址，则要进行强制类型转换。在新的 ANSI 标准中，规定 malloc()函数的基类型为“void *”，因此在把返回地址赋给具体的指针变量时必须进行强制类型的转换。

(2) free()函数

该函数用来释放动态分配(调用 malloc()函数)的存储空间，调用格式如下：

```
free(指针)
```

其中，指针应指向动态存储区的首地址。

3. 链表的基本操作

与顺序结构(如数组)相比，链表在插入或删除节点时，不必移动其他节点，故可以节省开销。对链表的主要操作有以下几种。

为了叙述方便，不妨假设有一个单链表，其头指针(一个指向链表第一个节点的指针)为 head，p、q、s 都是指针变量，可以指向链表的各个节点。

(1) 链表的遍历

所谓遍历就是对链表的节点进行访问且仅访问一次。一般的做法是从链表的头指针出发，根据链表指针域的指向依次访问链表中的各个元素，直至链表的尾部(通常将链表最后一个节点的指针域设置为空指针)，示例如下：

```
for(p=head;p!=NULL;p=p->link)    /*对节点 p 进行访问*/
```

(2) 插入一个节点

设指针变量 s 指向待插入的新节点，指针变量 p 指向待插入节点的位置，指针变量 q 指向链表的下一个节点。完成插入后，使 s 指向的节点成为 p 所指向节点的直接后继，典型的插入操作如下：

```
p->link=s;   s ->link=q;
```

思考：如果让新插入的节点成为链表的第一个节点，该如何操作呢？

(3) 删除一个节点

设指针变量 s 指向待删除的节点，指针变量 p 指向 s 所指向节点的前一个节点，典型的删除操作如下。

```
p->link=s->link;
```

10.1.7 共用体

定义共用体变量的目的是使几个不同类型的变量成员共同使用同一段内存单元。

定义共用体类型及相应变量的方法与结构体类似，但定义共用体变量时不能进行初始化。由于共用体变量的各成员“共用”同一块内存区域，因此共用体变量的值取决于最近一次被赋值的成员值。

10.1.8 枚举类型

枚举类型是一种基本数据类型，它不是构造类型，因为不能再分解为任何基本类型。

声明枚举类型时，不要在“枚举类型名称”与“{枚举常量列表}”之间多余地添加=。此外，枚举常量值列表中，各个常量值之间用逗号分隔，列表中的每一项都是常量，故不能在程序中对这些常量进行赋值。

设有定义如下：

```
enum Week_Day{Mon,Tue,Wed,Thu,Fri,Sta,Sun};
```

在程序中诸如“Tue=2;”的语句是不允许出现的。但可以在定义该枚举类型时，为枚举常量指定一个整数值，示例如下：

```
enum Week_Day{Mon=1,Tue,Wed,Thu,Fri,Sta,Sun=0};
```

枚举变量的定义，同结构体和共用体一样，可用不同的方式进行定义。

10.1.9 用 typedef 定义类型

可以用 typedef 声明新的类型名，从而为已有的数据类型添加一个“有意义”的新类型名。

使用 typedef 的一般过程如下：

(1) 按定义变量的方法写出定义体；

(2) 将变量名换成新类型名；

(3) 在最前面加上 typedef;
(4) 用新类型名定义变量。
示例代码如下：

```
typedef int INTEGER;   INTEGER n,m;
```

上述语句就定义了两个整型变量 m 和 n，相当于“int n,m;”，其作用通常是提高程序的可读性或通用性。这种定义类型的方式在 C++、MFC 中都有广泛的应用。

10.2 本章难点

10.2.1 在函数之间传递结构体数据

1. 结构体变量作为函数的参数

ANSI C 标准允许函数之间传递结构体变量。若实参是结构体变量，则形参也应该是结构体变量。在发生函数调用时，形参结构体变量要占用内存空间、接收实参结构体变量传入的值。因此，函数之间传递结构体变量会带来时间和空间的巨大开销；而且形参和实参之间是“值传递”的方式，所以虽然语法上允许，但很少采用这种传递方式。

2. 结构体指针作为函数的参数

结构体指针作为函数的参数时，可以传递结构体变量的地址。可以通过实参传入的结构体变量的地址来引用结构体变量，从而在被调函数中对结构体变量进行修改，这样做也间接地达到了改变主调函数中结构体变量的值的目的。

3. 结构体数组作为函数的参数

向函数传递结构体数组与传递其他数组一样，实际传递的是数组的首地址，形参数组与实参数组共用同一段内存单元。

10.2.2 结构体与共用体的区别

(1) 两者在形式上有一些相似之处，但有本质的区别。结构体和共用体都由成员组成，成员可以具有不同的数据类型，表示方法相同，都可用 3 种方式定义变量。

(2) 结构体中各成员占用不同的内存空间，一个结构体变量的总长度是各成员长度之和。而共用体各成员共享一段内存空间，一个共用体变量的长度是最长的成员的长度。

(3) 结构体变量可以作为函数参数，函数也可返回指向结构体的指针变量。而共用体变量不能作为函数参数，函数也不能返回指向共用体的指针变量，但可以使用指向共用体变量的指针。

(4) 共用体变量的地址与它的各成员的地址相同。而结构体变量的地址与它的第一个成员的地址相同，与其他成员的地址则不相同。

10.2.3 链表操作

1. 创建链表

过程为：①读取数据；②生成新节点；③将数据存入节点的成员变量中；④将新节点插入链表中。重复上述操作直至输入结束。

2. 遍历(输出)链表

利用一个指针(p)从头到尾依次指向链表中的每个节点。当指针指向某一个节点时，就输出该数据域中的内容；如果是空链表，则输出相关信息并返回调用函数。

3. 插入链表节点

首先确定插入的位置。当插入节点在指针 p 所指的节点之前称为“前插”，当插入节点在指针 p 所指的节点之后称为“后插”。

4. 删除链表节点

过程为：首先找到将要删除的节点的前趋节点；然后将前趋节点的指针域指向要删除节点的后继节点；最后，释放被删除节点所占用的存储空间。

10.3 例题分析

例 10.1 如下程序的输出结果为(　　)。

```
struct  st
    { int   x;   int   *y; };
int   dt[4]={10,20,30,40};
struct   st   *p,aa[4]={50,&dt[0], 60,&dt[1], 70,&dt[2], 80,&dt[3]};
main()
{  p=aa;
   printf("%4d", ++p->x);
   printf("%4d", (++p)->x);
   printf("%4d", ++(*p->y));
}
```

解：(1) 注意，运算符->的优先级是最高的，所以 printf()语句中的++p->x 应理解为“++(p->x)”；又因为程序通过语句“p=aa;”已把数组 aa 的首地址赋给了 p，所以此时 p 指向结构体数组 aa 的第一个元素，p->x 的值为 50。故第一个 printf()语句的输出为 51。

(2) 运算符->和运算符()的优先级相同，但结合性为从左至右。所以第二个 printf()语句中，先将指针 p 加 1，指向数组 aa 的第二个元素，之后输出此元素的成员变量 x 的值为 60。

(3) 第三个 printf()语句中，输出项++(*p->y)应理解为++(*(p->y))，是先引用结构体成员变量 y 的值为&dt[1]，再对此地址获取内容，结果为数组 dt 的第二个元素 20，最后再将此值加 1，得到值 21 并输出。

故输出结果为 51　　60　　21。

例 10.2　下列程序的输出结果为(　　)。

```
main()
{ struct   cmplx{int   x;   int   y; } cnum[2]={1,3,2,7};
   printf("%d\n",cnum[0].y/cnum[0].x*cnum[1].x);
}
```

A. 0　　　　　B. 1　　　　C. 3　　　　D. 6

解：该程序定义了一个名为 cnum 的有两个元素的数组，其元素类型为 cmplx 结构类型，两个元素的值分别为(1，3)，(2，7)，所以 cnum[0].y=3，cnum[0].x=1，cnum[1].x=2。

printf()语句输出的是表达式“cnum[0].y/cnum[0].x*cnum[1].x”的值，可以把此表达式转换为 3/1*2，值应为 6。所以最后程序输出的是 6，故答案为 D。

例 10.3　对结构体变量 stu1 的成员 age 的引用，下列各项中不正确的是(　　)。

```
struct   st
    { int age;   int num; }stu1,*p;
 p=&stu1;
```

A. stu1.age　　B. p.age　　　C. p->age　　　D. (*p).age

解：选项 A 相当于“结构体变量名.成员名”形式；选项 C 和 D 相当于利用指针来引用，其常用形式为“结构体指针变量->成员名”或“(*结构体指针变量).成员名”，所以选项 A、C 和 D 都是正确的。而对于选项 B，访问 age 成员，成员运算符“.”前应该是结构体类型变量，而不能是结构体指针变量，故选项 B 不正确。

例 10.4　以下程序的输出是(　　)。

```
typedef   union { long   x[2];   short   y[4];   char   z[8];   } MYTYPE;
MYTYPE   them;
main()
     {   printf("%d\n",sizeof(them)); }
```

A. 32　　　　B. 16　　　　C. 8　　　　D. 24

解：对于共用体变量，用 sizeof 求其数据类型长度时，返回的是变量中长度最长的成员所占的存储字节数。此题中，共用体变量 them 3 个成员的长度均为 8，所以返回的值为 8，故答案是 C。

如果这里是结构体而非共用体，则 sizeof 返回的值应为 24。

例 10.5　以下对共用体类型的叙述中正确的是(　　)

A. 可以对共用体变量名直接赋值

B. 不可以用共用体类型的指针变量作为函数的参数

C. 一个共用体变量中不能同时存放其所有成员的值

D. 共用体类型的成员不可以是结构体类型，但结构体类型的成员可以是共用体

解：C 语言规定不能对共用体变量名赋值，也不能通过直接引用变量名而得到成员项的值，更不允许在定义共用体变量时对其初始化，所以 A 不正确。共用体类型的普通变量不可用作函数参数，但其指针可以作为函数参数，因此 B 也不正确。共用体类型成员可以是结构体类型，

结构体类型的成员也可以是共用体类型，所以D也不正确。只有C是正确的，故答案选C。

例 10.6 有以下定义，且变量a和b之间已有如图1-10-1所示的链表结构。

```
struct  node
  {int  data ;  struct node  *next;  } a,b,c,*p,*q;
```

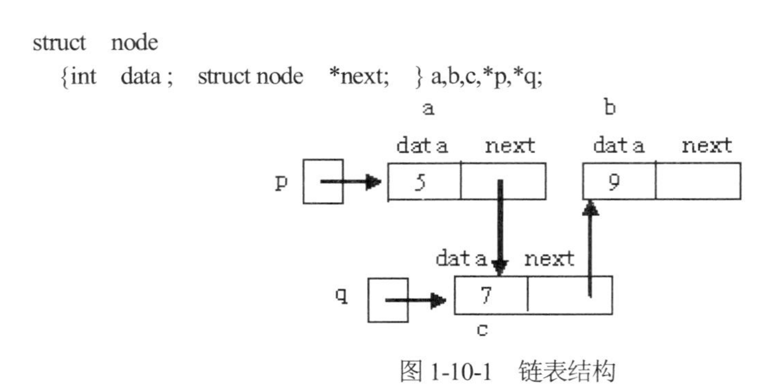

图 1-10-1 链表结构

指针p指向变量a，q指向变量c，下列能够把c插入a和b之间并形成新链表的语句组为(　　)。

A. a.next=c.next　　　　　　　　B. p.next=q;q.next=p.next;

C. p->next=&c;q->next=p->next;　　D. (*p).next=q;(*q).next=&b;

解： 要将节点c插入节点a与节点b之间，必须让节点a的指针域"a.next"指向节点c，节点c的指针域"c.next"指向节点b，即"a.next=&c; c.next=&b;"。注意指针p指向节点a，指针q指向节点c。因此，"(*p).next=q;(*q).next=&b;"和"a.next=&c;c.next=&b;"是等价的。故答案是D。

例 10.7 下面程序用来建立包含10个节点的链表，请填空。

```
#include<stdlib.h>
#include<stdio.h>
#define   LEN   sizeof(struct   parts)
  struct   parts
   {char   pname[20];    int   wnum;    ___(1)___; };
main( )
{   struct parts   *head ,*p;   int   i;    head=NULL;
      for(i=0;i<10;i++)
        {  p=___(2)___  ;
           gets(p->pname);   scanf("%d",&p->wnum);
           p->next=head;
           head=p;
        }
}
```

解： 程序的目的之一是要建立链表，所以定义结构体时必须定义一个指向该结构体的指针，之后再考虑后面的程序用next来引用节点的后继，故第一个空应填"struct parts　*next;"。

在for循环语句中，若看到用gets语句给p->pname赋值，则说明p中存放了一个结构体变量parts所占内存空间的首地址，故第二个空应填"(struct parts*)malloc(LEN)　"。

例 10.8 定义枚举类型money，用枚举常量代表人民币的面值。包括5分；1、2、5角;1、2、5、10、20、50、100元。

解： 该问题只需要合理分配枚举常量的值即可。下面是枚举类型enum money的定义。

```
enum  money{fen5=5,jiao1=10,jiao2=20,jiao5=50,yuan1=100,yuan2=200,
      yuan5=500,yuan10=1000, yuan20=2000,yuan50=5000,yuan100=10000};
```

例 10.9 若有以下说明和定义，则下列选项叙述正确的是(　　)。

```
typedef  int  *INT_POINTER;
      INT_POINTER p,*q;
```

A. 程序中可以用 INT_POINTER 代替 int　　B. p 是基类型为 int 的指针变量
C. q 是基类型为 int 的指针变量　　D. p 是 int 型变量

解：语句“typedef int *INT_POINTER;”说明 INT_POINTER 是基类型 int 的指针定义符，语句“INT_POINTER p,*q;”，定义 p 是基类型为 int 的指针变量(相当于定义语句“int *p;”)，q 为基类型 int 的二级指针变量(相当于定义语句“int **q;”)。故答案是 B。

例 10.10 下述程序的运行结果是(　　)。

```
#include <stdio.h>
union ex
   { short int i;   char ch[2]; };
main()
{ union ex r;    r.ch[0]=10;   r.ch[1]=1;
   printf("%d",r.i);
}
```

A. 266　　B. 11　　C. 265　　D. 不能引用

解：此题考查共用体的特征。short int 型变量 i 和字符型数组 ch 共用两个字节单元。通常，数组元素按地址由低到高的顺序原则存放，即变量 i 所占用的 2 字节的值的二进制形式为 0000 0001 0000 1010。在读取变量 i 时，以按“高字节作为高位，低字节作为低位”的方式处理。因此，r.i=r.ch[1]*256+r.ch[0]=266，故选 A。

10.4 习　题

10.4.1 单项选择题

1. 共用体变量定义为“union data{char ch;int x;}a;”，以下语句正确的是(　　)。
   A. a.ch= 'x';a=10;　　B. a= 'x',10;
   C. a.x=10;a.ch= 'x';　　D. a= 'x';
2. 共用体变量定义为“union data{char ch;int x;}a;”，则下列不正确的语句是(　　)。
   A. a={'x',10};　　B. a.x=10; a.x++;
   C. a.ch= 'x'; a.ch++;　　D. a.x=10; a.ch= 'x';
3. 已知定义“int *p;”，使用“p=______malloc(sizeof(int));”语句动态申请存储单元，应当使用(　　)。
   A. (int *)　　B. int *　　C. (* int)　　D. (void *)
4. 以下语句中，错误的是(　　)。
   A. struct staffer{ long int code; float salary;} one;

B. struct staffer{ long int code; float salary;} staffer one;

C. typedef struct { long int code ; float salary;} STAFFER;

D. struct { long int code; float salary; }one;

5. 定义结构体变量“struct { long int num; float aver;} term;”，下列语句正确的是( )。

A. scanf("%ld%f",term);

B. scanf("%ld%f",&term);

C. scanf("%ld%f",term.num,term.aver);

D. scanf("%ld%f",&term.num,&term.aver);

6. 有如下结构体类型的声明，则( )。

(1) struct mm{ int x; int y; struct mm bl;};

(2) struct mm{ int x; int y; struct mm *p;};

A. (1)正确，(2)不正确 B. (1)(2)都正确

C. (1)不正确，(2)正确 D. (1)(2)都不正确

7. 某结构体变量定义如下，对此结构体变量中的成员引用，正确的是( )。

```
struct {int a; char c;} bl,*p;  p=&bl;
```

A. bl->a B. p->c C. p.c D. *(p.a)

8. 以下定义中，对成员变量 x 的引用形式正确的是( )。

```
struct  mm{int x; int y;};    struct  aa{char c; struct mm zb;} bl;
```

A. bl.zb.x B. bl.x C. bl.mm.x D. zb.x

9. 下列有关 typedef 的说法中，正确的是( )。

A. typedef 可以用来定义新的数据类型

B. 用 typedef 既可以声明新的类型名，又可以定义变量

C. 用 typedef 不能定义新的数据类型，但可以定义变量

D. typedef 只用来声明新的类型名，不产生新的数据类型，也不可以定义变量

10. 下列关于枚举类型的说法，错误的是( )。

A. 枚举类型中的枚举元素是常量

B. mon 是枚举类型中的一个枚举元素，可以使用“mon=2;”为 mon 赋值

C. 枚举类型中枚举元素的值按定义时的顺序，默认分别是 0、1、2、…，但可以在定义时指定为其他值

D. 枚举类型的变量之间，以及枚举类型的变量与枚举元素之间可以作判断比较。

11. 下列有关链表的说法中错误的是( )。

A. 建立链表时，用 malloc()分配的内存是一段连续的空间

B. 对链表中的每个节点既可以顺序访问，也可以随机访问

C. 单向链表的每个节点中要有一个指针类型的成员，用来存放下一个节点的地址

D. 与数组相比较，链表的优点是可以根据需要开辟内存单元，不会浪费内存。

12. 对于如下程序段，下列说法中正确的是( )。

```
enum  week{Mon,Tue,Wed,Thu,Fri,Sat,Sun};
```

```
enum week day;
scanf("%d",&day);
if (day==Sat||day==Sun) printf("It is a holiday! (%d)\n",day);
```

A. 此程序段的 scanf 语句不正确

B. 此程序段的 if 语句不正确

C. 此程序段正确，当输入为 5 时，输出为 It is a holiday! (Sat)

D. 此程序段正确，当输入为 5 时，输出为 It is a holiday!(5)

13. 以下说法中错误的是(　　)。

A. 链表中的两个节点占用不同的两段内存空间，这两段内存空间可以连续

B. 若 malloc()或 calloc()函数执行成功，则返回一个指向分配域起始地址的指针，否则返回空指针(NULL)

C. 若想删除链表中的某个节点，不但要撤销它与其他节点的链接关系，而且还必须把它从内存中抹掉

D. 用 malloc 或 calloc 函数申请的空间，使用完之后，可以用 free()函数释放

14. 设有如下变量定义“struct　boy{char num; int age; float score} tom;”，则以下语句错误的是(　　)。

A. scanf("%c,%d,%f",&tom);　　B. scanf("%c",&tom.num);

C. scanf("%d",&tom.age);　　D. scanf("%f",&tom.score);

15. 如下定义的变量 x 所占内存的字节数是(　　)。

```
union uu{char st[4]; int i; long m;};
struct ss{int c; union uu d;}x;
```

A. 4　　B. 5　　C. 6　　D. 8

16. 下面程序的输出结果是(　　)。

```
struct xyz{int a，int b，int c；};
main()
{ struct xyz s[2]={{1，2，3}，{4，5，6}}；  int t;
  t=s[0].a+s[1].b+ s[0].c-s[1].a;  printf("%d\n",t); }
```

A. 5　　B. 6　　C. 7　　D. 8

17. 有枚举类型 enum math {one=3，two=6，three}，则枚举常量 three 的值是(　　)。

A. 2　　B. 3　　C. 7　　D. 9

18. 若有如下定义，则叙述正确的是(　　)(设 short、long 的字节数分别为 2、4)。

```
struct Sample
  { short a;   long b; } a;
```

A. 结构体变量 a 与结构体成员 a 同名，故变量定义非法

B. 程序运行时，为结构体变量 a 分配 4 个字节的内存单元

C. 程序运行时，为结构体变量 a 分配 6 个字节的内存单元

D. 可以使用“scanf("%d,%ld",&a);”语句为变量 a 赋值

19. 如下程序的输出结果是(　　)。

```
#include <stdio.h>
struct student {int num; int w; int h; }x[3]={{1,65,173},{2,60,170},{3,70,167}};
main()
{ int  i,vw=0,vh=0;  struct student  *p=x;
   for(i=0;i<3;i++) {vw=vw+p->w;  vh=vh+p->h;  p++;}
   vw=vw/3;  vh=vh/3;  printf("%d,%d\n", vw,vh);
}
```

A. 195,510　　B. 60,170　　C. 70,173　　D. 65,170

20. 设有以下声明语句，则叙述不正确的是(　　)。

```
struct sa
   { int x;  float y;  char s[8]; } ex;
```

A. ex 与每个成员 x 的地址相同　　B. ex 占用内存 8 个字节

C. 成员 x、y、s 的地址是不相同的　　D. ex 占用内存 16 个字节

10.4.2 填空题

1. 结构体变量_______ (可以/不可以)在定义时赋初值，但共用体变量_______ (可以/不可以)在定义时赋初值。

2. 结构体变量_______ (可以/不可以)直接作为函数的参数，但共用体变量_______ (可以/不可以)直接作为函数的参数。

3. 声明结构体类型为“struct　fx{char c;char s[20]; int m;};”，若要定义一个此类型的结构体变量 a，并将 a 的各成员初始化，其中 c 中存放'n'，s 中存放"person"，m 中存放 3，定义语句为______________________________。

4. 有结构体和共用体的变量定义如下。

```
struct  aa{ short a;  char c;  float x; }bl1;
union  bb{ short a;  char c;  float x; }bl2;
```

若 short 型变量占 2 字节，char 型变量占 1 字节，float 型变量占 4 字节，则变量 bl1 占用的内存空间的字节数为_______，bl2 占用的内存空间的字节数为_______。

5. 用 typedef 声明 ARR 为整型一维数组：“typedef　int[10]　;”。现使用新类型名 ARR 定义长度为 10 的数组 x,y,z 的定义语句为_______。

6. 如下程序段的输出结果为_______。

```
enum  month{Jan=1,Feb,Mar,Apr,May,Jun,Jul,Aug,Sep,Oct,Nov,Dec};
enum  month  mon1=Mar,mon2=Sep;  printf("%d,%d",mon1,mon2);
```

7. 如下程序段的输出结果为_______。

```
union mm{char c;int k;}bb;
bb.c= 'a';  bb.k=66;  printf("%c", bb.k);
```

8. 在如下程序段中，若 short 型变量占 2 字节，float 型变量占 4 字节，char*型变量(指向字符的指针变量)占 4 字节，则下面程序段执行后的输出结果为_______，为结构体变量 b1 分配的

内存空间为________字节。

```
union   uu{ short   a;   float   x;};
struct   mm{char   *p;   union   uu   y;}b1;
bl.y.a=10;   bl.p="student";   printf("%d", sizeof(struct mm));
```

9. 执行如下程序段后，(1) p->p 的值是________；(2) (++p)->p 的值是________；(3) (++p)->n 的值是________；(4) ++p->n 的值是________。

```
struct   mm{int n; char p;} a[2]={20,'s',40, 't'};
struct   mm   *p=a;
```

10. 如下程序段的输出结果为________________。

```
struct   coordinate{ int x;   int y;   struct coordinate *next; };
struct   coordinate   point[4]={{1,2,point+1}, {3,4,point+2}, {5,6,point+3}, {7,8,NULL}};
struct   coordinate   *p=point;
printf("%d,%d\n",(*(++p)->next).x,++p[2].y);
```

11. 如下定义变量 a 后，sizeof(a)的值是________，sizeof(a.s)的值是________。

```
struct   date{int day; int month; int year; union{int s1;float s2;}s;}a;
```

12. struct list 结构体类型用于实现一个单链表结构，含有 3 个成员：sp、next、data。sp 是一个字符指针，data 用来存放整数，next 是指向下一节点的指针，请填空。

```
struct list{char *sp;  ________  data;  ________  next;};
```

13. 执行下列程序后，输出结果为________。

```
main( )
{enum meiju{mj1=3，mj2=1，mj3};   char *a[ ]={"AA"，"BB"，"CC"，"DD"};
 printf("%s%s%s\n", a[mj1], a[mj2], a[mj3]);
}
```

14. 函数 createlist()的作用是建立一个带头节点(为方便链表操作而添加的一个额外节点)的单链表，每次新节点都插在链表的末尾，该函数的返回值是链表的头指针。最后一个节点的 next 成员设为 NULL 作为链表结束标志，以读入字符作为节点的 data 成员值，读入*作为结束标志。填空完成如下程序。

```
struct jiedian{char data;   struct jiedian * next;};
________   createlist( )
{ struct jiedian *h,*s,*r;   char ch;
  h=( struct jiedian *)malloc(sizeof(struct jiedian));   /*创建头节点*/
  r=h;   ch=getchar( );
  while(ch!='*')
     {s=( struct jiedian *)malloc(sizeof(struct jiedian));
       s->data=________ ;    r->next=s;      r=s;    ch= getchar( );
     }
  r->next=________ ;    return(h);
}
```

15. 填空完善函数 fun()，其功能是把分数最高的学生的学号放在数组 b 中(注意，分数最高的学生可能不止一个，函数返回分数最高学生的人数)。

```
typedef   struct   { char num[10];   int s ; } STREC;   /* num 存放学号，s 存放分数*/
      int fun (STREC *a, int *b, int n)
                    /*参数 a 用于存放学生数据的数组首地址/*
                    /*参数 b 用于存放分数最高的学生的学号，参数 n 用于接收学生人数*/
      {int i,cnt=0,max=a[0].s;
       for(i=1;i<n;i++)
           if(___________)     max=a[i].s;
       for(i=0;i<n;i++)
           if(max= =a[i].s)   _______________;
       return _______________;
     }
```

16. 非空单向链表的每个节点为“struct chj{int n; int score; struct chj * next;}”结构体类型。下面的函数根据每个节点的成员 n 的值进行计算，凡是成员 n 能被 3 整除的，其成员 score 值累加到 s1 上，否则累加到 s2 上，然后输出 s1 和 s2 的值。请填空。

```
void print(struct chj * head)   /*参数 head 用于存放单向链表的头指针*/
{ struct chj *p ;   int s1=0,s2=0;   p=head;
   while (__________)
      {if (p->n%3==0) s1=s1+p->score;
       else   s2=s2+p->score;
       p=___________;
      }
   printf("%d\t%d\n",s1,s2);
}
```

17. 非空单向链表的每个节点为“struct link{int num; struct link *next;}”结构体类型。下面的函数比较各个节点的 num 成员的值，将最大的 num 值找出并打印，返回最大值所在节点的指针。函数的形参接收主调函数传递过来的链表头指针(最后一个成员的 next 值是 NULL)。请在画线处填入正确的内容。

```
struct link *max(struct link * head)
{struct link *p , *q ;   int m=head->num;   p=q=head;
 while(p!=NULL)
    {if (p->num>m) {q=p;   m=p->num; }
     p=p->next;
     }
   printf("%d\n",________);
   return(________);
}
```

18. 非空单向链表的每个节点为“struct jilu{int num; struct jilu *link;}”结构体类型，每个节点按成员 num 值降序排列。下面的函数往链表中插入一个新节点，插入后的链表仍然是按成员 num 值降序排列。函数的形参接收主调函数传递过来的链表头指针和新节点的指针(最后一个成员的 next 值是 NULL)。请填空。

```
struct jilu    *charu(struct jilu *head, struct jilu *xin)
{ struct jilu    *p0,*p1,*p2 ;
   p1=head ;    p0=xin;
   if (head==NULL)    {head=p0;____________;}
   else
         while((p0->num<p1->num) && (p1->link!=NULL))
             {p2=p1; p1=p1->link;}
   if (p0->num>=p1->num)
         {if (head==p1) {p0->link=head; head=p0;}
          else {p2->link=p0; _______________;}
         }
   else    {______________; p0->link=NULL;}
   return(head);
}
```

19. 函数 fun()的功能是统计链表中节点的个数，返回给主调函数，其中 head 为指向第一个节点的指针(链表不带头节点)。请填空。

```
struct link
   {char data ;    struct link *next;};
int fun(struct link *head)
{struct link *p;    int c;    _____;    p=head;
  while(_____)
     { c++;
       p=_______;
     }
   return c;
}
```

20. 链表的每个节点为“struct jilu{int num; struct jilu *link;}”结构体类型，下面程序实现的功能是从已定义的链表中删除 num 成员值为 number 的节点。请填空。

```
struct student *delete ( struct student *head , int number ) ;
{ struct student *p1 , *p2;
 if ( head= =NULL )
      { printf ("\n NULL List ! \n") ;    return NULL; }
 p2=head ;
 while (( _______________ ) && (number != p2 -> num ) )
      { p1=p2 ; p2= p2 ->next ; }
 if ( number= = p2 ->num )
   {   if ( p2= =head ) head=p2 ->next ;
       else _____________ ;
       printf ("delete : %d\n" , number );
       n=n-1;
    }
 else printf ("%d not found ! \n", number ) ;
 return head;
}
```

10.4.3 阅读程序写结果题

1.
```
#include "stdio.h"
main( )
{char   str[20];
 struct   data   {int year;   int month;   int day;   }today;
 struct   address
   {char name[30]; char street[40]; char city[20]; char state[2];   unsigned long int zip; }wang;
 printf("char: %d\t",sizeof(char));   printf("int: %d\t",sizeof(int));
 printf("long: %d\t",sizeof(long));   printf("float: %d\t",sizeof(float));
 printf("double: %d\n",sizeof(double));   printf("str: %d\t",sizeof(str));
 printf("data: %d\t",sizeof(today.year));   printf("wang: %d\t",sizeof(wang));
 }
```

2.
```
# include"stdio.h"
struct jgt {int a; int b; } sz[2]={1, 3, 2, 7};
main( )
{printf ("%d\n",sz[0].b*sz[1].a); }
```

3.
```
# include "stdio.h"
struct stu {int num;   char name[10];   int age; };
void   fun (struct stu *p)
 {printf("%s\n", (*p).name); }
main()
 {struct stu   students[3]={{0201, "Zhang",20},{0202, "Wang",19},{0203, "Zhao",18}};
  fun(students+2);
 }
```

4.
```
#include"stdio.h"
 struct tree {int x ; char *s; }t; /* t 是全局变量*/
 func (struct tree   t )   /*这里的 t 是形参，局部变量，调用结束后 t 就会被释放。*/
   {t.x=10;   t.s="computer";   printf("%d,%s\t",t.x,t.s);   return(0); }
  main()
   {t.x=1;   t.s="minicomputer";
    func(t);   printf("%d,%s\n",t.x,t.s);
    }
```

5.
```
#include "stdio.h"
struct str1 {char c[5]; char *s; };
main( )
{struct str1   s1[2]={{ "ABCD", "EFGH"},{"IJK", "LMN"}};
 struct str2   {struct str1 sr; int d; } s2={"OPQ", "RST", 32767};
 struct str1   *p[2];     p[0]=&s1[0];       p[1]=&s1[1];
 printf ("%s",++p[1]->s);
 printf ("%c",s2.sr.c[2]);
}
```

6.
```
#include<stdio.h>
main()
{union   {long i;   int   k;   char   ii;   char   s[4]; } mix;
 mix.i=0x12345678;   printf("mix.i=%lx\t",mix.i);
```

```
    printf("mix.k=%x\t",mix.k);    printf("mix.ii=%x\n",mix.ii);
    printf("mix.s[0]=%x\ t mix.s[1]=%x\t",mix.s[0],mix.s[1]);
    printf("mix.s[2]=%x\ t mix.s[3]=%x\n",mix.s[2],mix.s[3]);
    }
```

7.
```
#include"stdio.h"
main()
{union   {char c; int i; }t;
 t.c='A';   t.i=1;   printf("%d,%d",t.c,t.i);
}
```

8.
```
#include "stdio.h"
main()
{union   { long k1; int k2; char k3; char k4[4]; } m;  char *p;
 m.k1=0x41424344;   p=(char)&m.k1; printf("%c, %c, %c, %c \t", *p, *(p+1), *(p+2), *(p+3));
 printf("%lx\t", m.k1);   printf("%x \t", m.k2);      printf("%x, %c\t", m.k3, m.k3);
 printf("%c, %c, %c, %c\n", m.k4[0], m.k4[1], m.k4[2], m.k4[3]);
}
```

9.
```
#include"stdio.h"
main()
{sturct date   {int year;   int month;   int day; } today;
 union {long   i;   int   k;   char   ii; }mix;
 printf("date：%d\t", sizeof(struct date));        printf("mix：%d\n", sizeof(mix));
}
```

10.
```
#include"stdio.h"
struct   nc {int   x;   char   c; };
main()
  {struct   nc   a={6, 'U'};   func(a.x , a.c);    printf("%d, %c", a.x , a.c);   }
func(int m , char c)
  { int k;   for(k=1; k<=m; k++)   printf("%c", c+32);    printf("----");}
```

11.
```
main()
 { struct   str1 {char c[4]; char *s; } s1={"abc","def"};
   struct   str2 {char   *cp;   struct   str1   ss1; } s2={"ghi", {"jkl","mno"}};
   printf("%c%c\t",s1.c[0],*s1.s);    printf("%s%s\t", s1.c, s1.s);
   printf("%s%s\t",s2.cp,s2.ss1.s);   printf("%s%s\n",++s2.cp,++s2.ss1.s);
}
```

12. 链表的节点为 struct str{ int k; char c; float t; struct str *next;}结构体类型。传递给函数 opert()的实参是有 5 个节点的链表的头指针(最后一个节点的 next 成员值为 NULL)，该链表的各节点的数据部分为{12,'A',6}, {7, 'B',9}, {36, 'C',13}, {25, 'D',3}, {21, 'E',8}。写出函数 opert()的运行结果。

```
opert (struct   str *h)
  {struct str *p ;   p=h;    float sum=0;
    if (h!=NULL)
      do {if   (p->k%3==0)   printf("%c, %f \t", p->c , p->t);
          else sum=sum+p->c+p->t;
          p=p->next;
```

```
        }while (p!=NULL);
    printf("sum=%f\n", sum);
  }
```

13. 链表的节点为 struct op{char c; int k; struct op *next;}结构体类型。传递给函数 find()的实参是有 5 个节点的链表的头指针(最后一个节点的 next 成员值为 NULL)，该链表的各节点的数据部分为{'a',65}, {'u',97}, {'s',83}, {'f',93}, {'b',78}。写出函数 find()的运行结果。

```
find (struct op *head)
 {struct op *p ;   p=head;
  if (head!=NULL)
    while (p!=NULL)
      {if ((*p).c= ='a'||(*p).c= ='f')   printf("%d \t", (*p).k);   p=p->next; }
  }
```

14.
```
# include <stdio.h>
    typedef   struct str1 {char c[5];   char *s; } ST;
    main( )
    {ST s1[2]={{"ABCD", "EFGH"},{"IJK", "LMN"}};
     struct str2   {ST sr;     int d; } s2={"OPQ", "RST", 32767};
     ST *p[2];   p[0]=&s1[0];   p[1]=&s1[1];
     printf("%c\t", p[0]->c[1]);        printf("%s\t",(++p[0])->s);
     printf("%c\t",s2.sr.c[2]);         printf("%d\t",s2.d+1);
   }
```

15.
```
struct stud {int a; int *t;} u[4],*p;
    main( )
    {int k=1, m; printf("\n");
     for (m=0; m<4; m++)
        {u[m].a=k;   u[m].t=&u[m].a;   k=k+2;}
     p=&u[0];   p++;   printf("%d \n", (p++)->a);
   }
```

16.
```
main( )
    { union   exp{ struct {int x ; int y ;}sa;   int a1;   int a2;}ave;
      ave.a1=1 ;   ave.a2=2 ;
      ave.sa.x=ave.a1*ave.a2;   /*执行此语句后，ave.a1 和 ave.a2 值值都是 4*/
      ave.sa.y=ave.a1+ave.a2;
      printf("%d , %d\n", ave.sa.x , ave.sa.y);
    }
```

17.
```
enum   color {red, yellow, green, blue , white, black};
    char *name[6]={"red", "yellow", "green", "blue", "white", "black"};
    main( )
    {enum   color col ,co2;        col= green;     co2= black;
     printf("%d , %d ,\t" , col , co2);   printf("%s , %s\n" , name[col] , name[co2]);
     }
```

18.
```
struct wei {char low ; char high;}
    main( )
    { union gong {struct wei kite; int word;} gy;   gy.word=0x5678;
```

```
    printf("word is:%04x\t", gy.word);     printf("high is:%02x\t", gy.kite.high);
    printf("low is:%02x\t", gy.kite.low);   gy.kite.low=0x23;   printf("word is:%04x\n", gy.word);
}
```

10.4.4　编写程序题

1. 有 100 种商品的数据记录，每个记录包括“商品编号”“商品名”“单价”和“数量”。请用结构体数组实现每种商品总价(商品总价=单价×数量)的计算。

2. 有若干个学生的数据，每个学生的数据包括“学号”“姓名”和 3 门功课的成绩。请计算每个学生 3 门功课的平均成绩，然后输出每个学生的数据(包括平均成绩)。

3. 有若干个学生的数据，每个学生的数据包括“学号”“姓名”和 3 门功课的成绩。请用结构体数组和结构体指针变量编程：输出成绩在 60 分以下的学生的“学号”及“姓名”(只要有一门功课成绩低于 60 分者都在其列)。

4. N 个人(按顺序从 1 到 N 进行编号)围成一圈，从第 1 个人开始顺序报号 1、2、3、…、M，凡报到 M 者退出圈子；然后留在圈子里的人从下一个开始继续顺序报号 1、2、3、…、M，报到 M 者又退出圈子；如此继续，直到圈子里只有一个人，编程输出此人的编号。

5. 建立一个链表，每个节点包括名称、数量(值不小于 0)。输入一个数量值，将与此数量值相同的节点从链表中删除。

6. 创建一个链表，每个节点包括数据域和指针域，其中数据域类型为整型。

7. 编写一个函数用于连接两个链表，函数原型为 struct list * con_list(struct list * h1, struct list* h2)，实现将链表 h2 链接在链表 h1 的尾部，其中 h1，h2 分别是两个链表的头指针。

8. 已知链表的节点结构为“struct node { int num; struct node *link;};”。现有两个链表，其节点分别按 num 从小到大的顺序排列，编写一个函数用于合并这两个链表，要求合并后的链表节点仍按 num 从小到大的顺序排列。函数返回合并后的链表的头指针，函数的两个形参用于接收合并前的链表头指针。

9. 设链表节点定义为“struct node { char ch; struct node *link;};”。编写一个函数 struct node * create_list(char *str)，用于实现根据参数 str 指定的字符串建立一个单链表，要求链表中字符的存放顺序是原字符串 str 的逆序。

10. 现有学生数据需要处理，已知学生人数不超过 100，学生数据包含学号(num)、姓名(name)，以及英语(english)、数学(math)、计算机(computer)三门功课的成绩以及总分成绩(total)。编程实现通过键盘输入除总分以外的其他学生信息，统计每个学生的总分和全部学生的总平均分。然后按学生的总分对所有学生进行降序排序，如果学生总分相同，则按学号从小到大的顺序排序。要求把所有学生数据放在一个结构体数组中。

10.5　习题参考答案

10.5.1　单项选择题答案

1. C	2. A	3. A	4. B	5. D	6. C	7. B	8. A	9. D	10. B
11. B	12. D	13. C	14. A	15. B	16. A	17. C	18. C	19. D	20. B

10.5.2 填空题答案

1. 可以　不可以　　2. 可以　不可以　　3. struct fx a={'n', "person",3};
4. 7　4　　5. ARR x,y,z;　　6. 3, 9
7. B　　8. 8　8　　9. s　t　40　21
10. 5,7　　11. 16　4　　12. int　struct list
13. DDBBCC　　14. struct jiedian *　ch　NULL
15. a[i].s>max　b[cnt++]=a[i].num　cnt　　16. p!=NULL,p->next
17. m　q　　18. p0->link=NULL　p0->link=p1　p1->link=p0
19. c=0　p!=NULL　p->next　　20. p2!=NULL　p1->link=p2->link

10.5.3 阅读程序写结果题答案

1. char : 1　int: 4　long: 4　float: 4　double: 8　str : 20　date: 4　wang: 96
2. 6　　3. Zhao　　4. 10,computer　1, minicomputer　　5. MNQ
6. mix.i=12345678　mix.k=5678　mix.ii=78
   mix.s[0]=78　mix.s[1]=56　mix.s[2]=34　mix.s[3]=12
7. 1,1　　8. D,C,B,A　41424344　4344　44,D　D,C,B,A
9. date:12　mix:4　　10. uuuuuu----6,U
11. ad　abcdef　ghimno　hino　　12. A，6　C，13　E，8　sum=146
13. 65　93　　14. B　FGH　Q　32768
15. 3　　16. 4,8　　17. 2,5, green, black
18. word is :5678　high is :56　low is :78　word is :5623

10.5.4 编写程序题参考答案

1.
```
#define  N  100
struct  sp {char snum[20]; char sname[20]; float price; int total; float sum; };
main( )
{struct  sp a[N];  int i;
 for (i=0 ; i<N; i++)
  {scanf("%s", a[i].snum);   scanf("%s", a[i].sname);   scanf("%f", &a[i].price);
   scanf("%d", &a[i].total);   a[i].sum=a[i].price*a[i].total;
  }
 for (i=0 ; i<N; i++)
   printf("%s,%s,%f,%d,%f\n", a[i].snum, a[i].sname, a[i].price, a[i].total, a[i].sum);
}
```

2.
```
# define  M  50              /*不妨设有 M 个学生*/
struct stud {char num[5]; char name[10]; int score[3]; float aver }
main( )
{int  i, j, k;  struct stud  s[M];
 for (i=0 ; i<M; i++)
   { scanf("%s", s[i].num);   scanf("%s", s[i].name);   k=0;
     for(j=0; j<=2; j++)
```

```
            {scanf("%d", &s[i].score[j]);   k=k+s[i].score[j]; }
          s[i].aver=k/3.0 ;
         }
    for (i=0 ; i<M; i++)
       {printf("%5s%12s", s[i].num, s[i].name);
        for (j=0; j<=2; j++)   printf("%6d", s[i].score[j]);
        printf("%7.2f ", s[i].aver);
        printf("\n");
       }
  }
```

3.
```
  # define   M   50                /*设有 M 个学生*/
  struct stud {char name[10]; int num; int score[3]; }
  main( )
  {int   i,j,k ;   struct stud   s[M],*p;
   for (p=s,i=0 ; i<M; i++,p++)
      { scanf("%s", (*p).name);   scanf("%d", &(*p).num);
        for(j=0; j<=2; j++)
           scanf("%d", &(*p).score[j]);
      }
   for (p=s,i=0 ; i<M; i++,p++)
      for (j=0; j<=2; j++)
         if (p->score[j]<60)   { printf("%d,%s\n", p->num, p->name);break;}
  }
```

4.
```
  #define   N   13   /*不妨设 N 为 13*/
  #define   M   3    /*不妨设 M 为 3*/
  struct per{int num; int next;} shu[N+1];
  main( )
  {int   i, count=0, h ;
   for (i=1; i<=N-1; i++)
      {shu[i].num=i;          /*第 i 个人的编号*/
       shu[i].next=i+1;       /*第 i 个人后面的人的编号*/
      }
   shu[N].num=N; shu[N].next=1; /*编号为 N 的人其是编号为 1 的人*/
   h=N;
   while (count<N-1)
    {i=0;
     while(i!=M)    /*顺序报号，报到 M 时，报号为 M 者从圈子里退出*/
        {h=shu[h].next;
         if (shu[h].num!=0)   i++;
        }
     printf("%5d", shu[h].num); /*打印从圈子里退出的人的编号*/
     shu[h].num=0; /*凡从圈子里退出的人，编号变为 0*/
     count++;
    }
  for (i=1; i<=N; i++)      /*最后留在圈子里的人的编号不等于 0*/
    if (shu[i].num!=0)
       printf("%5d", shu[h].num); /*打印最后留在圈子里的人的编号*/
  }
```

5.
```
struct cailiao{char name[8]; int shu; struct cailiao * next;};
struct cailiao   *creat( )
   { struct cailiao   *head, *p1, *p2 ;
     p1=p2=( struct cailiao *)malloc(sizeof(struct cailiao));
     scanf("%s", p1->name); scanf("%d", &p1->shu);
     head=p1;
     while (p1->shu>=0 )  /*若输入的值小于 0，则链表创建完毕*/
        {p1=( struct cailiao *)malloc(sizeof(struct cailiao));
         scanf("%s", p1->name);   scanf("%d", &p1->shu);     p2->next=p1;    p2=p1;
        }
     p2->next=NULL;
     return(head);
   }
struct cailiao *dele(struct cailiao   *head,int slg)
   { struct cailiao   *p1,*p2;     p1=head ;    p2=p1;
     do
      { if (slg= =p1->shu) /*若条件为真，则删除 p1 指向的节点，然后 p1 后移，p2 跟随 p1 后移*/
           {if (p1= =head)    {head=p1->next;   p1=p1->next;  p2=head;}  /*删除头节点*/
            else   {p2->next=p1->next;   p1=p1->next;}
           }
        else {p2=p1; p1=p1->next ;} /*若条件为假，则不删除。只是 p1 后移，p2 跟随 p1 后移*/
      }while(p1!=NULL);
    return(head);
   }
main()
{struct cailiao   *head ; int ss;
 head=creat();
 scanf("%d", &ss);
 dele(head,ss);
}
```

6.
```
#define    M    5                    /*不妨设节点数为 M*/
#include "stdlib.h"
#include "stdio.h"
struct list { int data; struct list *next; };
main()
{   struct list *ptr,*head;   int num,i;   ptr=( struct list *)malloc(sizeof(struct list));   head=ptr;
    printf("请输入每个节点的数据==>\n");
    for(i=0;i<=M;i++)
       {scanf("%d",&num);    ptr->data=num;   ptr->next=( struct list *)malloc(sizeof(struct list));
        if(i==M)   ptr->next=NULL;
        else   ptr=ptr->next;
       }
    ptr=head;
    while(ptr!=NULL)
       { printf("节点值==>%d\n",ptr->data);   ptr=ptr->next; }
 }
```

7.
```
#include "stdlib.h"
 #include "stdio.h"
```

```
struct list{ int data; struct list *next; };
struct list *con_list(struct link * h1,struct link * h2)
{ struct list * tmp;   tmp=h1;
  while(tmp->next!=NULL) tmp=tmp->next;
  tmp->next=h2;
  return(h1);
}
```

8.
```
struct node * merge_list(struct node *h1,struct node *h2)
  { struct node * p,*q, *r ;   p=h1;   q=h2;   r=h1;
   while(p!=NULL && q!=NULL)
     {if (p->num<=q->num)
         {if (r!=h1)   r->link=p;
           r=p;   p=p->link;
         }
       else
         { r->link=q; r=q; q=q->link; }
     }
   if (p==NULL)   r->link=q;
   else   r->link=p;
   return(h1);
  }
```

9.
```
struct node *create_list(char *str)
  { struct node *head,*p;    head= NULL;
   while(*str!= '\0')
    { if (head==NULL)
        {head=(struct node *) malloc(sizeof(struct node));
         head->ch=*str;    head->link=NULL;
        }
      else
        {p=(struct node *)malloc(sizeof(struct node));
         p->ch=*str;    p->link=head;   head=p;
        }
      str++;
     }
   return (head);
  }
```

10.
```
#define   N   100
#include <stdio.h>
#include <string.h>
#include <malloc.h>
struct student
    {unsigned long num;   char name[20];   float english;   float math;   float computer;   float total;};
void sort_by_total(struct student s[ ], int n)
  {int i,j; unsigned long h1;   char h2[20];   float h3;
   for(i=0;i<=n-2;i++)      /*冒泡排序*/
     for(j=0;j<=n-2-i;j++) /*通过比较，交换 s[j]与 s[j+1]的各成员值，使数组元素降序排列*/
        if (s[j].total<s [j+1].total || s[j].total ==s [j+1].total && s[j].num>s[j+1].num)
          { h1=s[j].num;   s[j] .num =s[j+1] .num;   s[j+1] .num =h1;
```

```
                strcpy(h2,s[j].name);   strcpy(s[j] .name ,s[j+1] .name);   strcpy(s[j+1] .name ,h2);
                h3=s[j]. english;   s[j] . english =s[j+1] . english;   s[j+1] . english =h3;
                h3=s[j]. math;   s[j] . math =s[j+1] . math;   s[j+1] . math =h3;
                h3=s[j]. computer;   s[j] . computer =s[j+1] . computer;   s[j+1] . computer =h3;
                h3=s[j]. total;   s[j] . total =s[j+1] . total;   s[j+1] . total =h3;
               }
    }
int main()
{struct student stu[N];   int n,i; /*n 表示实际学生数，由键盘输入*/
 float aver=0.0;   printf("the number of student:");   scanf("%d",&n);
 for(i=0;i<n;i++)
    {printf("input student data of %d:\n",i+1);
     scanf("%ld",&stu[i].num);   scanf("%s",stu[i].name);
     scanf("%f,%f,%f",&stu[i].english,&stu[i].math,&stu[i].computer);
     stu[i].total=stu[i].english+stu[i].math+stu[i].computer;
     aver=aver+stu[i].total;
    }
    aver= aver/n;    sort_by_total(stu,n);
    printf("---the scores of students(sorted by total descendly)---\n");
    printf("\tNumber\tName\tEnglish\tMath\tComputer\tTotal\n");
    for(i=0;i<n;i++)
        printf("\t%ld\t%s\t%.2f\t%.2f\t%.2f\t%.2f\n",
               stu[i].num,stu[i].name,stu[i].english,stu[i].math,stu[i].computer,stu[i].total);
    printf("the total average score:%.2f\n",aver);
    return 0;
 }
```

第 11 章

位　运　算

11.1 本章要点

11.1.1　位运算符和位运算

位运算是 C 语言的一种特殊运算功能，它是以二进制位为单位进行运算的。位运算符只有逻辑运算和移位运算两种，共有如表 1-11-1 所示的 6 种位运算符。

表 1-11-1　位运算符

操作符	&	|	^	~	<<	>>
作　用	按位与	按位或	按位异或	取反	左移	右移

1. 按位与运算

按位与运算符(&)是双目运算符，参与运算的两个数各对应的二进制位做与运算。只有对应的两个二进制位均为 1 时，结果位才为 1，否则为 0。参与运算的数以补码形式出现。

例如，9&5 的算式如下。

```
    0000 0000 00001001    (9 的二进制补码)
&   0000 0000 00000101    (5 的二进制补码)
----------------------
    0000 0000 00000001    (1 的二进制补码)
```

由此可见，9&5 的结果为 1。

按位与运算通常用来对某些位清零或保留某些位。例如，把 a 的高 8 位清零，保留低 8 位，可进行 a&255 运算(因为 255 的二进制数为 0000000011111111)。

2. 按位或运算

按位或运算符(|)是双目运算符，参与运算的两个数各对应的二进制位做或运算。只有对应的两个二进制位均为 0 时，结果位才为 0，否则为 1。参与运算的数以补码形式出现。

例如，9|5 的算式如下。

```
  0000 0000 00001001    (9 的二进制补码)
| 0000 0000 00000101    (5 的二进制补码)
-----------------------
  0000 0000 00001101    (13 的二进制补码)
```

由此可见，9|5 的结果为 13。

3. 按位异或运算

按位异或运算符(^)是双目运算符，参与运算的两个数各对应的二进制位做异或运算，当两个对应的二进制位不同时，结果为 1，否则为 0。参与运算的数以补码形式出现。例如，9^5 的结果为 0000000000001100(十进制为 12)。

4. 求反运算

求反运算符(~)为单目运算符，具有右结合性，参与运算的数的各二进制位按位求反。例如，~9 即~(0000000000001001)，结果为 1111111111110110。

5. 左移运算

左移运算符(<<)是双目运算符，其功能是把"<<"左边的运算数的各二进制位全部左移若干位，由"<<"右边的数指定移动的位数，高位丢弃，低位补 0。例如，"a<<4"表示把 a 的各二进制位向左移 4 位。若 a=3(二进制为 0000000000000011)，把 a 左移 4 位后就为十进制 48，即二进制 0000000000110000。

注意： *左移比乘法运算快得多，有些 C 编译程序自动将乘以 2 的运算用左移一位来实现，将乘以 2^n 的运算处理为左移 n 位。*

6. 右移运算

右移运算符(>>)是双目运算符，其功能是把">>"左边的运算数的各二进制位全部右移若干位，由">>"右边的数指定移动的位数，低位丢弃，高位补 0 或补 1。例如，设 a=15(二进制为 0000000000001111)，把 a 右移 2 位后为十进制 3，即二进制 0000000000000011。

注意： *当为正数时，最高位为 0；为负数时，最高位为 1。最高位是补 0 还是补 1 取决于编译系统。Visual C++、C-Free 以及 Turbo C 规定：对于负数，右移时最高位补 1；对于正数，最高位补 0。*

7. 位运算与赋值运算

位运算符可以与赋值运算符一起组成复合赋值符，如&=、|=、^=、>>=、<<=等。例如，a&=b 相当于 a=a&b，其他以此类推。

注意： *利用位运算可以完成汇编语言的某些功能，如置位、位清零、移位等。*

11.1.2 位运算的优先级

<<和>>的优先级低于算术运算符而高于关系运算符和逻辑运算符；&、|和^运算符的优先

级低于关系运算符而高于逻辑运算符；~是除圆括号以外优先级最高的运算符；&的优先级高于^运算符；^的优先级高于|运算符。

11.1.3 位段

(1) 位段是把 1 字节中的二进制位划分为几个不同的区域，并说明每个区域的位数，每个域有一个域名，允许在程序中按域名进行操作。

这样就可以把几个不同的对象用 1 字节的二进制位域来表示。位段在本质上也是结构体类型，不过它的成员是按二进制位分配内存，其定义、说明及使用的方式都与结构体相同，一般形式为“位域变量名.位域名”。

例如：

```
struct   packed_data
{unsigned     a : 2    ;
 unsigned     b : 6    ;
 unsigned     c : 4    ;
 unsigned     d : 4    ;
 int          i  ;
}   data ;
```

其中 a、b、c、d 分别占 2 位、6 位、4 位、4 位，i 占 32 位。成员的引用方式为 data.a、data.b、data.c、data.d、data.i。

(2) 借助于位段，可以在高级语言中实现数据的压缩，从而节省存储空间，同时也提高了程序的执行效率。

11.2 例 题 分 析

例 11.1 以下程序的运行结果是(　　)。

```
#include<stdio.h>
 main()
 {short a,b,c;
  a=14; b=23; c=a&b;    printf("%d&%d=%d\n",a,b,c);
  a=-12; b=6; c=a&b;    printf("%d&%d=%d\n",a,b,c);
 }
```

A. 14&23=6　　B. 14&23=4　　C. 14&23=8　　D. 14&23=6
　－12&6=4　　　－12&6=6　　　－12&6=6　　　－12&6=6

解：14 的补码为 0000000000001110，23 的补码为 0000000000010111，表达式 14&23 的结果为 6。－12 的补码为 1111111111110100，6 的补码为 0000000000000110，表达式－12&6 的结果为 4。故 A 为正确答案。

例 11.2 从键盘上输入 10 和 35 后，下面程序的输出结果是什么？

```
main()
{unsigned   char   a,b;
```

```
printf("enter two hex number : ");   scanf("%x %x" ,&a,&b);   /*输入十六进制数*/
printf("%x",a^b);
}
```

解：本程序先将接收数据以十六进制的方式进行处理。a^b 是按位异或运算，a 对应的二进制数为 0001 0000，b 对应的二进制数为 0011 0101。a^b 的结果为 0010 0101(十六进制数 25)，故答案为输出 25。

例 11.3 编写程序：从键盘上输入一个十进制正整数(小于 32767)，统计该正整数所对应的二进制数中 1 的个数。

解：循环执行(1)、(2)即可。

(1) 测试该数的最左边的数码是否为 1，若是，则 1 的个数加 1；

(2) 该数左移 1 位。

程序代码如下。

```
main()
 { unsigned short   i,count=0,m,n=0x1000;   /*n 的二进制形式为 10000000 00000000*/
  printf("请输入一个十进制整数：");   scanf("%d",&m);
  for(i=0;i<16;i++)
     { if((m&n)==1)   count++;
      m=m<<1;
     }
  printf("与该整数对应的二进制数中 1 的个数是%d",count);
  }
```

例 11.4 编写程序：已知 unsigned short 型变量 a 占用 2 字节内存，请分别将 a 的每字节中的数据取出，分别用十进制和十六进制显示。

解： 可以用按位与运算将指定的 1 字节(8 位二进制)的数据取出。方法是取 unsigned short 型数 b=255，b 的二进制形式是 0000000011111111，即低 8 位都是 1，其他位是 0。让 b 与 a 作按位与运算可取出 a 的低 8 位，让 b 左移 8 位后与 a 做按位与运算可取出 a 的高 8 位。将取出的数据(8 位二进制数)存放在 unsigned char 型变量中，然后显示。

程序代码如下。

```
#include <stdio.h>
main()
{unsigned short   a,b=255,k; unsigned char num;
 printf("请输入一个数(unsigned int 形式):");   scanf("%d",&a);
 printf("\n%d,%x\n",a,a);
 printf("若想取低 8 位的数据，请输入 1；若想取高 8 位的数据，请输入 2:");
 scanf("%d",&k);
 if (k==1)   num=a&b;
 if (k==2)   num=a&( (b<<8) >>8);
   printf("%d,%x\n",num,num);
   return 0;
}
```

11.3 习 题

11.3.1 单项选择题

1. 设 int b=2，则表达式(b>>2)/(b>>1)的值为(　　)。

   A. 0　　B. 2　　C. 4　　D. 8

2. 设有整型变量 x，其值为 25，则表达式(x&20>>1)|(x>10 |7& x^33)的值为(　　)。

   A. 35　　B. 41　　C. 11　　D. 3

3. 设有整型变量 x=10，则表达式(x&&1535)&(x|55&100)的值为(　　)。

   A. 0　　B. 1　　C. 10　　D. 11

4. 设“int a=04,b;”则执行“b=a>>1;”语句后，b 的结果是(　　)。

   A. 04　　B. 4　　C. 10　　D. 2

5. 设“int a=04,b;”则执行“b=a<<1;”语句后，b 的结果是(　　)。

   A. 4　　B. 04　　C. 8　　D. 10

6. 设有如下语句，则 c 的二进制形式是(　　)。

```
char    a=3，b=6，c;
c=a^b<<1;
```

   A. 00001010　　B. 00001111　　C. 00011100　　D. 00011000

7. 给出以下程序的执行结果。①(　　)②(　　)③(　　)④(　　)⑤(　　)

```
#include<stdio.h>
main()
{
  int    a=11,b=10;
  a<<=b;    printf("%d\n",a);      /*输出 ①*/
  a>>=b;    printf("%d\n",a);      /*输出 ②*/
  a&=b;    printf("%d\n",a);       /*输出 ③*/
  a|=b;     printf("%d\n",a);      /*输出 ④*/
  a^=b;    printf("%d\n",a);       /*输出 ⑤*/
}
```

① A. 256　　B. 512　　C. 11264　　D. 2048

② A. 1　　B. 0　　C. 10　　D. 11

③ A. 11　　B. 10　　C. 0　　D. 1

④ A. 11　　B. 10　　C. 1　　D. 21

⑤ A. 1　　B. 0　　C. 10　　D. 11

11.3.2 填空题

1. 设二进制数 a 是 00101101，若想通过异或运算 a^b 使 a 的高 4 位取反，低 4 位不变，则二进制数 b 应为____________。

2. 位运算符____________(能或不能)用于浮点数。

3. 在C语言中，&运算符用作______运算和______运算。
4. 已知 int a=5，b=6，c=a&b；变量c的值是____________。
5. 已知 int a=6，b=8，c=a|b；变量c的值是____________。
6. 已知 int a=14，b=15，c=a^b；变量c的值是____________。
7. 已知 int a=16，c=~a；变量c的值是____________。
8. 已知 int a=16，c=a<<2；，变量c的值是____________。
9. 已知 int a=16，c=a>>2；，变量c的值是____________。
10. 已知“int x=707;”，表达式x^x、x|x、~x^x的值分别是______、______、______。
11. 已知“int x=0707;”，表达式~x&&x、!x&&x、x>>3&~0的值分别是______、______、______。
12. C语言允许在一个结构体中以位为单位来指定其成员所占内存的长度，这种以位为单位的成员称为______。

11.3.3 阅读程序写结果题

1.
```
#include "stdio.h"
main()
{ int a,b;   a=077;   b=a&3;   printf("\40: The a & 3(decimal) is %d \t",b);
   b&=7;    printf("\40: The b & 7(decimal) is %d \n",b);
}
```

2.
```
#include "stdio.h"
main()
{int a,b;   a=077;   b=a|3;    printf("\40: The a | 3(decimal) is %d \t",b);
  b|=7;     printf("\40: The b | 7(decimal) is %d \n",b);
}
```

3.
```
#include "stdio.h"
main()
{ int a,b;   a=077;   b=a^3;    printf("\40: The a^3 (decimal) is %d \t",b);
  b^=7;   printf("\40: The b^7(decimal) is %d \n",b);
}
```

4.
```
#include "stdio.h"
main()
{ int a,b;   a=234;   b=~a;   printf("\40: The a's 1 complement(decimal) is %d \n",b);
   a=~a;   printf("\40: The a's 1 complement(hexidecimal) is %x \n",a);
}
```

5.
```
#include"stdio.h"
main()
{ unsigned a,b;   printf("Pleas input a number: ");    scanf("%d",&a);   /*随意输入一个值*/
  b=a>>5;   b=b&(15<<27);   printf("a=%d\tb=%d\n",a,b);
}
```

6.
```
main()
{ char a='a',b='b'; int p,c,d;   p=a;   p=(p<<8)|b;   d=p&0xff;   c=(p&0xff00)>>8;
  printf("a=%d\t b=%d\t c=%d\t d=%d\n",a,b,c,d);
}
```

11.3.4 编写程序题

1. 取整数 a 从右端开始的 4~7 位(注意：位号是从 0 开始的，右端开始位号是 0，然后是 1、2，以此类推)。

2. 输入一个八进制整数(大于 0 且小于 77777)，赋给 unsigned short 型变量 a，将其二进制形式左边第 k 位的数码取出，然后以八进制形式输出。例如，若 a=17325(二进制形式为 0001111011010101)，若 k=6，则取出来的是 1，以八进制形式输出 1；若 k=8，则取出来的是 0，以八进制形式输出 0。

3. 输入一个八进制整数(大于 0 且小于 77777)，赋给 unsigned short 型变量 a，将其二进制形式从左边第 k1 位到第 k2 位之间的数码取出来，然后将这些数码按原位置关系组成的二进制数以八进制形式输出。例如，若 a=17325(二进制形式为 0001111011010101)，k1=6，k2=9，则取出来的是 1101，以八进制形式输出为 15。

4. 输入一个八进制整数，赋给 unsigned short 型变量 a，再输入一个十进制整数 n(大于等于 –16 且小于等于 16)。n>0 时将 a 的二进制形式循环右移 n 位，n<0 时将 a 的二进制形式循环左移 n 位。例如，若输入 a 等于$(53267)_8$，则 a 的二进制形式为 0101011010110111；若输入 n=3，循环右移后 a 变为 1110101011010110，即八进制数 165326；若输入 n= –4，循环左移后 a 变为 0110101101110101，即八进制数 65565。

11.4 习题参考答案

11.4.1 单项选择题答案

1. A　　2. B　　3. A　　4. D　　5. C　　6.B

7. ① C　　② D　　③ B　　④ B　　⑤ B

11.4.2 填空题答案

1. 0xf0 或 11110000　　2. 不能　　3. 按位与，取地址

4. 4　　5. 14　　6. 1

7. －17　　8. 64　　9. 4

10. 0　707　－1　　11. 1　0　56　　12. 位段(或位域)

11.4.3 阅读程序写结果题答案

1. : The a & 3(decimal) is 3　　: The b & 7(decimal) is 3

2. : The a | 3 (decimal) is 63　　: The b | 7 (decimal) is 63

3. : The a^3 (decimal) is 60　　: The b^7 (decimal) is 59

4. : The a's 1 complement(decimal) is -235

: The a's 1 complement(hexidecimal) is ffff ff15

5. a=(a 的值)　b=0　　6. a=97　b=98　c=97　d=98

11.4.4 编写程序题参考答案

1. 可以这样考虑：首先使a右移4位，使原来的右端开始的4~7位成为右端开始的0~3位。让a与15(二进制形式为00000000 00001111)进行&运算。代码如下：

```
main()
{ unsigned a,b,c,d;   scanf("%o",&a);
   b=a>>4; c=15; d=b&c;   printf("%o\n%o\n",a,d);
  }
```

2.
```
main()
{unsigned short a,b1,b2,c,k;     scanf("%o",&a) ;     scanf("%d",&k) ;
 b1=~0;   b2=(b1>>(k-1)) & (b1<<(16-k));   /* b2 的二进制形式是第 k 位是 1，其余位是 0*/
 c=a&b2;      c=c>>(16-k);      printf("%o\n",c);
}
```

3.
```
main()
{unsigned short a,b1,b2, c,k1,k2;     scanf("%o",&a) ;     scanf("%d,%d",&k1,&k2) ;
 b1=~0;      b2=(b1>>(k1-1)) & (b1<<(16-k2));
  /* b2 的二进制形式是第 k1 位到第 k2 位的数码都是 1, 其余数码是 0*/
 c=a&b2;     c=c>>(16-k2);     printf("%o\n",c);
}
```

4.
```
moveright(unsigned int a,int n)
   {unsigned int z;     z=(a>>n)|(a<<(16-n));
    return(z);
   }
 moveleft(unsigned int a,int n)
   {unsigned int z;    z=(a<<n)|(a>>(16-n));
    return(z);
   }
main()
 {unsigned short int a; int n;    scanf("%o",&a);    scanf("%d",&n);
  if (n>0)   printf("循环右移的结果: %o\n", moveright(a,n));
  else
    {n=-n;     printf("循环左移的结果: %o\n",moveleft(a,n));   }
  }
```

第 12 章
文　件

12.1 本章要点

12.1.1 文件概述

“文件”是指一组相关数据的有序集合。这个数据集有一个名称，就是该文件的文件名。从文件编码的方式来看，文件可以分为 ASCII 码文件和二进制文件这两种。ASCII 码文件也称为文本文件，这种文件在磁盘中存放时，每个字符对应 1 字节，用于存放对应的 ASCII 码值；二进制文件则是按二进制的编码方式来存放文件内容。

12.1.2 文件类型指针

在 C 语言中，用一个指针变量来指向一个文件，这个指针变量称为文件类型指针变量。通过文件类型指针可以对它所指的文件进行各种操作。

定义文件类型指针变量的一般格式如下：

```
FILE   *指针变量标识符;
```

其中，FILE 应为大写，它实际上是由系统定义的一个结构体类型，该结构体类型中含有文件名、文件状态和文件当前位置等有关文件的描述信息，该定义包含在 stdio.h 中。在编写源程序时不必关心 FILE 结构的细节。

12.1.3 文件的打开和关闭

文件在进行读/写操作之前要先打开，使用完毕后要关闭。所谓打开文件，实际上是建立文件的各种有关信息，并使文件类型指针指向该文件，以便对其进行操作。关闭文件则是断开文件类型指针与文件之间的联系，禁止再对该文件进行操作。

1. 文件打开函数 fopen()

其调用的一般格式如下：

文件类型指针变量名=fopen(文件名，使用文件方式)

其中，“文件类型指针变量名”必须是被声明为FILE类型的指针变量，“文件名”是被打开文件的文件名。“文件名”是字符串常量或字符串数组。使用文件的方式共有12种，表1-12-1给出了它们的使用符号和含义。

表1-12-1　打开文件的方式

字　符	含　义
r	以只读方式打开一个文本文件。文件必须存在，否则打开失败。打开后，文件内部的位置指针指向文件首部的第一个字符
w	以只写方式打开一个文本文件。若文件不存在，则建立该文件。若文件已经存在，则删除原文件的内容，写入新内容
a	以追加方式打开一个文本文件。只能向文件尾追加数据。文件必须存在，否则打开失败。打开后，文件内部的位置指针指向文件尾
rb	以只读方式打开一个二进制文件。文件必须存在，否则打开失败。打开后，文件内部的位置指针指向文件首部的第一个字符
wb	以只写方式打开一个二进制文件。若文件不存在，则建立该文件。若文件已经存在，则删除原文件的内容，写入新内容
ab	以追加方式打开一个二进制文件，只能向文件尾追加数据。文件必须存在，否则打开失败。打开后，文件内部的位置指针指向文件尾
r+	以读/写方式打开一个文本文件。文件必须存在。打开后，文件内部的位置指针指向文件首部的第一个字符。打开后，可以读取文本内容，也可以写入文本内容，还可以既读又写
w+	以读/写方式打开或新建一个文本文件。若文件已存在，则新的写操作将覆盖原来的数据。若文件不存在，则建立一个新文件。还可以在不关闭文件的情况下，再读取文件内容
a+	以读和追加的方式打开一个文本文件，允许读或追加。文件必须存在，否则打开失败。打开后，文件内部的位置指针指向文件尾。可以在文件尾追加数据，也可以将位置指针移到某个位置，读取文件内容
rb+	以读/写方式打开二进制文件。文件必须存在。打开后，文件内部的位置指针指向文件首部的第一个字节。打开后，可以读取数据，也可以写入数据，还可以既读又写
wb+	以读/写方式打开或新建一个二进制文件。若文件已存在，则新的写操作将覆盖原来的数据。若文件不存在，则建立一个新文件。还可以在不关闭文件的情况下，再读取文件内容
ab+	以读和追加的方式打开一个二进制文件。允许读或追加。文件必须存在，否则打开失败。打开后，文件内部的位置指针指向文件尾。可以在文件尾追加数据，也可以将位置指针移到某个位置，读取数据

注意：

(1) 以r方式打开一个文件时，该文件必须存在，且只能从该文件读出数据。

(2) 以w方式打开的文件，只能向该文件写入。若打开的文件不存在，则以指定的文件名建立该文件；若打开的文件已存在，则将该文件内容删除，重建一个新文件。

(3) 若要向一个已存在的文件追加新的信息，只能用 a 方式打开文件，但此时该文件必须是存在的，否则将会出错。

(4) 在打开一个文件时，如果出错，fopen()函数将返回一个空指针值 NULL。

(5) 把一个文本文件读入内存时，要将 ASCII 码转换成二进制码，而把文件以文本方式写入磁盘时，要把二进制码转换成 ASCII 码。因此，对文本文件的读/写要花费较多的转换时间，对二进制文件的读/写则不存在这种转换。

(6) 标准输入文件(键盘)、标准输出文件(显示器)、标准出错输出(出错信息)是由系统打开的，可以直接使用。文件一旦使用完毕，应调用关闭文件函数 fclose()把文件关闭，以避免文件数据丢失。

2. 文件关闭函数 fclose()

其调用的一般格式如下：

```
fclose(文件指针)
```

正常完成关闭文件操作时，fclose()函数返回 0，返回非零值则表示有错误发生。

12.1.4 文件的读/写

对文件的读和写是最常见的文件操作。C 语言提供了多种文件读/写的函数。

1. 字符读/写函数 fgetc()和 fputc()

fgetc()函数的功能是从指定的文件中读取一个字符，其调用格式如下：

```
字符变量=fgetc(文件类型指针);
```

例如，“ch=fgetc(fp);”是从指针 fp 指向的文件中读取一个字符并送入字符变量 ch 中。

fputc()函数的功能是把一个字符写入指定的文件中，其调用格式如下：

```
fputc(字符量，文件指针);
```

其中，待写入的字符量可以是字符常量或变量。例如，“fputc('a',fp);”是把字符 a 写入 fp 所指向的文件中。

2. 字符串读/写函数 fgets()和 fputs()

fgets()函数的功能是从指定的文件中读一串字符到字符数组中，其调用格式如下：

```
fgets(字符数组名，n，文件指针);
```

其中，n 是一个正整数，表示从文件中读出的字符串不超过 n–1 个字符。在读入的最后一个字符后加上字符串结束标志'\0'。“字符数组名”也可以是指针变量名。

fputs()函数的功能是向指定的文件写入一个字符串(不包括'\0')，其调用格式如下：

```
fputs(字符串，文件指针);
```

其中，字符串可以是字符串常量，也可以是字符数组名或指针变量。例如，“fputs("abcd", fp);”其意义是把字符串"abcd"写入 fp 所指向的文件中。

3. 数据块读/写函数 fread()和 fwrite()

C 语言还提供了用于整块数据的读/写函数，可用来读/写一组数据，如一个数组元素，一个结构体变量的值等。数据块读/写函数调用的一般格式如下：

```
fread(buffer,size,count,fp);
fwrite(buffer,size,count,fp);
```

其中，buffer 是一个指针，在 fread()函数中，它表示存放输入数据的首地址；在 fwrite()函数中，它表示存放输出数据的首地址；size 表示数据块的字节数；count 表示要读/写的数据块的块数；fp 表示文件指针。

4. 格式化读/写函数 fscanf()和 fprintf()

fscanf()函数和 fprintf()函数与前面使用的 scanf()和 printf()函数的功能相似，都是格式化读/写函数。两者的区别在于 fscanf()函数和 fprintf()函数的读/写对象不仅仅是键盘和显示器，而主要是磁盘文件。这两个函数的调用格式如下：

```
fscanf(文件指针, 格式字符串, 输入列表);
fprintf(文件指针, 格式字符串, 输出列表);
```

12.1.5　文件定位

前面介绍的对文件的读/写方式都是顺序读/写，即读/写文件只能从头开始，顺序读/写各个数据。但在实际问题中，常要求只读/写文件中某一指定的部分。为解决这个问题，可将文件内部的位置指针移到需要读/写的位置，再进行读写，称这种读/写为随机读/写。

实现随机读/写的关键是按要求移动位置指针，称为文件的定位。移动文件内部位置指针的函数主要有两个，即 rewind()函数和 fseek()函数。

1. rewind()函数

rewind()函数的调用格式如下：

```
rewind(文件指针);
```

它的功能是把文件内部的位置指针移到文件首。

2. fseek()函数

fseek()函数的调用格式如下：

```
fseek(文件指针, 位移量, 起始点);
```

其中，“文件指针”指向被移动的文件；“位移量”表示移动的字节数，要求位移量是 long 型数据，以便在文件长度大于 64KB 时不会出错，当用常量表示位移量时，要求加后缀字母 L；

“起始点”表示从何处开始计算位移量，规定的起始点有 3 种：文件首、当前位置和文件尾。其表示方法如表 1-12-2 所示。

表 1-12-2　起始点表示方法

起 始 点	符 号 表 示	数 字 表 示
文件首	SEEK_SET	0
当前位置	SEEK_CUR	1
文件尾	SEEK_END	2

3. ftell()函数

ftell()函数的作用是得到文件内部位置指针的当前位置，调用该函数返回的是从文件头到文件内部位置指针所指的当前位置总的字节数。若返回 -1，则表示出错。该函数的调用格式如下：

```
长整型变量=ftell(文件指针);
```

12.1.6　文件检测

C 语言中常用的文件检测函数有如下几个。

(1) 文件结束检测函数 feof()，其调用格式如下：

```
feof(文件指针);
```

功能是判断文件是否处于文件结束位置，如文件结束，则返回 1，否则返回 0。

(2) 读/写文件出错检测函数 ferror()，其调用格式如下：

```
ferror(文件指针);
```

功能是检查文件在用各种输入、输出函数进行读/写时是否出错。如果 ferror()的返回值为 0 表示未出错，否则表示有错。

(3) 文件出错标志和文件结束标志置 0 函数 clearerr()，其调用格式如下：

```
clearerr(文件指针);
```

功能是将文件的错误标志和文件结束标志置为 0。若文件发生了输入、输出错误，其错误标志被置为非 0，该值会一直保持，直到再一次调用输入、输出函数或者使用 clearerr()函数时才会改变。文件刚打开时，错误标志为 0。

12.2　本 章 难 点

12.2.1　文件位置指针的合理定位

C 文件中有一个位置指针，指向当前读/写的位置。因此，在对文件进行读操作时，若文件已读完，则文件位置指针将指向文件的末尾。如果需要再读一遍文件内容，就要使用 rewind()

函数把文件位置指针重新指向文件的开头，这样才能正确读出文件内容。如果要将文件位置指针从文件首(当前位置或文件尾)向其他位置移动，则要使用 fseek()函数。

12.2.2 各文件读/写函数的区别

fgetc()和 fputc()是读/写单个字符时使用的函数；fgets()和 fputs()是读/写字符串时使用的函数；fread()和 fwrite()是读/写数据块时使用的函数(一般用于二进制文件的读/写)；fscanf()和 fprinf()是格式化读/写时使用的函数，按格式将数据转换成对应的字符，并以 ASCII 码形式输出到文本文件中。

12.3 例题分析

例 12.1 以下各选项中，函数 fopen 中第一个参数的正确格式是(　　)。

A. c:user\test.tex　　　　B. c:\user\text.txt

C. "c:\user\test.txt"　　　　D. "c:\\user\\test.txt"

解： fopen()函数的调用格式为 fopen(filename,mode)，其中 filename 为准备访问的文件名。filename 可以包括该文件所在的盘符和路径(若省略盘符和路径，则默认该文件存放在当前盘的当前文件夹中)，盘符、路径和文件名可以放在字符串变量中，或放在双引号内构成一个字符串常量。对于字符串中出现的反斜杠\，必须使用转义字符，表示为\\。故正确答案为 D。

例 12.2 已知 stu 是一个数组，那么语句 fread(stu,3,6,fp)的功能是(　　)。

A. 从 fp 所指向的数据文件中读取 6 次，每次读取 3 字节的数据，然后存入数组 stu 中

B. 从 fp 所指向的数据文件中读取 3 次，每次读取 6 字节的数据，然后存入数组 stu 中

C. 从数组 stu 中读取 3 次，每次读取 6 字节的数据，然后保存到 fp 所指向的文件中

D. 从数组 stu 中读取 6 次，每次读取 3 字节的数据，然后保存到 fp 所指向的文件中

解： 数据块输入函数 fread(buffer,size,count,fp)的作用是从 fp 所指向的文件中总共要读取 count 次数据，而每次要读 size 字节的数据，读出后的数据保存到以 buffer 为首地址的区域内。根据对 fread()函数功能和参数的分析，故正确答案是 A。

例 12.3 运行下面的程序：

```
#include<stdio.h>
#include<string.h>
main()
 {FILE  *fp;  char  str[81];
  if((fp=fopen("text.dat","w"))= =NULL)  { printf("can not open file.\n");  exit(0); }
  while(strlen(gets(str))>0)
     { fputs(str,fp); fputs("\n",fp); }
  fclose(fp);
 }
```

从键盘输入两行数据：第 1 行输入"I love this book"后按 Enter 键，而第 2 行是直接按 Enter 键。问：如果此时在 MS-DOS 方式下输入命令，得到的输出结果是什么？

```
type  text.dat↙
```

解：while 循环中，gets()函数的作用是从标准输入文件 stdin(键盘)上输入一个字符串。需要注意的是，同样是从键盘上输入一个字符串，使用 gets()函数与使用常用的 scanf()函数得到的结果却不完全相同。通过 gets()输入的字符串中可以没有空格，也可以包含一个或多个空格，而在 scanf()中通过格式控制字符串%s 输入的字符串不能含有空格。例如，运行下面这段程序。

```
char  s1[20];  scanf("%s",s1);
printf("s1=%s\n", s1);
```

从键盘输入“I love this game”，输出结果是 s1=I。

运行下面这段程序。

```
char  s2[20];  gets(s2);
printf("s2=%s\n",  s1);
```

如果也从键盘输入“I love this game”，输出结果则是 s2= I love this game。

请注意以上二者的区别。程序中出现的 strlen()函数用来计算字符串的长度，即字符串中所包含的字符的个数，但不包括字符串结束标志'\0'。针对第一行输入数据，此时的字符串长度值为 16，而针对第二行输入数据得到的字符串长度为 0。fputs()函数将一个字符串写到一个文件中，但不会将字符串结束标志'\0'写到文件中。

本程序实际上是从键盘上输入一系列字符(在新行状态下按 Enter 键表示输入结束)，然后把它们写到文本文件 text.dat 中，此例中 text.dat 的内容如下。

```
I love this book
```

type 是 MS-DOS 的一条内部命令，它的作用是显示后面指定的文本文件 text.dat 中的内容，所以执行 type text.dat 后屏幕显示结果如下。

```
I love this book
```

例 12.4 当顺利地执行了文件的关闭命令之后，函数 fclose()的返回值是(　　)。

A. －1　　B. 1　　C. 0　　D. 非零

解：fclose()函数的功能是关闭由文件指针变量 fp 所指向的文件，同时释放 fp 所指向的文件结构体和文件缓冲区。若文件正常关闭，则函数返回值为 0；当关闭发生错误时，返回值为 EOF(其值为－1)，此时可用 ferror()函数来进行测试。故正确答案为 C。

例 12.5 阅读程序，回答两个问题。问题 1：程序的执行结果是什么？问题 2：若将“fp=fopen("temp", "w+");”换成“fp=fopen("temp", "w");”，程序是否能正常运行？如果不能，为什么？

```
#include "stdio.h"
  main()
  {FILE *fp;int i,n;   fp=fopen("temp", "w+");
   for (i=1;i<=9;i++)   fprintf(fp, "%3d",i);
   for (i=5;i<9;i++)
      { fseek(fp,i*3L,SEEK_SET);
        fscanf(fp, "%3d",&n);
        printf("%3d\t",n);
      }
```

```
    fclose(fp);
  }
```

解: (1) 程序中用到了 fprintf()函数，其原型为"fprintf(文件指针，格式字符串，输出列表);"，功能是把输出列表中给出的值以指定的格式写入 fp 所指向的文件中。语句"fprintf (fp, "%3d",i);"的作用为以%3d 的格式将 i 变量的值写入 fp 所指向的 temp 文件中。此时，temp 文件中的内容为" 1 2 3 4 5 6 7 8 9"(数与数之间空 2 列)。

接着本程序中使用了 fseek()函数，其原型为"fseek(文件指针，位移量，起始点);"，含义是移动位置指针，从起始点开始，移动的字节数由参数位移量给出，当用常量表示位移量时，要求加后缀 L。本程序中"fseek(fp,i*3L,SEEK_SET);"表示起始点为 SEEK_SET(文件首)，移动的位移量为 i*3L，i 是循环变量，其初始值为 5，第一次位置指针就从文件首开始，移动 15 字节，即位置指针指向 temp 文件中数据 5 的后一列。

之后程序又使用了 fscanf()函数，其原型为"fscanf(文件指针，格式字符串，输入列表);"，功能是从 fp 所指向的文件中按指定格式读取数据，并送到输入列表中。语句"fscanf(fp, "%3d",&n);"的作用，是从 temp 文件中按%3d 的格式读取数据并送给变量 n。当前位置指针定位到数据 5 的后一列。此时，按%3d 的格式读取数据 6 送到变量 n，接着在显示器上显示 n 的值，即为 6，循环 4 次，输出结果为"6 7 8 9"。

(2) 本程序中，"fopen("temp", "w+");"函数中指出文件的使用方式为 w+，其含义是以读/写方式打开或建立一个文本文件，允许读或写。如果将语句"fp=fopen("temp","w+");"换成"fp=fopen ("temp","w");"，程序将出错。因为换后只能向文件中写入数据，不能从文件中读取数据，从而导致 fscanf()函数不能正确执行。

故问题 1 输出： 6 7 8 9。问题 2 的答案为：不能，因为 w 方式只能写入不能读取。

例 12.6　编写程序：从键盘输入一个文件名，将该文件中的所有英文字符写到另一个文件中，统计英文字符个数 m，在屏幕上显示 m 的值，并显示两个文件内容。

解: 本题可以使用 fgetc()和 fputc()函数对文件进行读/写操作，程序代码如下：

```
#include "stdio.h"
main()
  { FILE *p1, *p2;   int m=0;   char   ch,f1[20],f2[20];
    printf("输入提供英文字符的文件名：");     scanf("%s",f1);
    printf("输入另一个文件名：");       scanf("%s",f2);
    if ((p1=fopen(f1, "r"))==NULL)   {printf("不能打开文件\n"); exit(0); }
    if ((p2=fopen(f2, "w"))==NULL)   {printf("不能打开文件\n"); exit(0); }
    while (!feof(p1))
        {ch=fgetc(p1);
         if ((ch>='a')&&(ch<='z')||(ch>='A')&&(ch<='Z'))   {m++; fputc(ch,p2); }
            /*统计英文字符个数 m, 将英文字符写到另一个文件中*/
        }
     rewind(p1); rewind(p2); /*将文件内部的位置指针重新定位到文件首, 为下一步做准备*/
     while (!feof(p1))   putchar(fgetc(p1)); /*读和显示文件内容*/
     printf("\n");
     while (!feof(p2))   putchar(fgetc(p2));
     fclose(p1); fclose(p2);
  }
```

例 12.7　编写程序：将字符串 str 中的小写字符转换成大写字符，将转换后的大写字符写入文件 test.txt 的末尾(test.txt 原来的内容保持不变)，最后分别显示 test.txt 的全部内容和新写入的内容。

解：本题也是使用 fgetc()和 fputc()函数对文件进行读/写操作，程序代码如下：

```
#include "stdio.h"
main()
{ FILE *fp;   int n=0,k=0; char ch;   char str[15]="abcdABCDefgEFG";
   if ((fp=fopen("test.txt", "a+"))= =NULL)   {printf("不能打开文件\n"); exit(0); }
   while (str[n]!= '\0')
       {if ((str[n]>='a')&&(str[n]<= 'z'))   {ch=str[n]-32; fputc(ch,fp); k++;}
        n++;
       }
   rewind(fp);
   while (!feof(fp))   putchar(fgetc(fp));
   fseek(fp,-k,SEEK_END);
   while (!feof(fp))   putchar(fgetc(fp));
   fclose(fp);
}
```

例 12.8　文件 studat 中存放了 10 名学生的数据(包括学号 num、姓名 name、年龄 age)，要求读出第 1、3、5、7、9 名学生的数据，显示这些数据，并计算这 5 名学生的平均年龄。

解：本题可以使用 fseek()函数来进行定位，使用 fread()函数读出学生数据，程序代码如下：

```
#include "stdio.h"
struct stu_type
    {int num;   char name[10];   int age; }stud[10];
main()
{ FILE *fp;   int i,s=0;   float aver;
   if ((fp=fopen("studat","rb"))= =NULL)   {printf("can't open file\n"); exit(0); }
   for (i=0; i<9; i+=2)
      {fseek(fp,i*sizeof(struct stu_type),SEEK_SET);
       fread(&stud[i],sizeof(struct stu_type),1,fp);
       printf("%d,%s,%d\n", stud[i].num,stud[i].name,stud[i].age);
       s=s+stud[i].age;
      }
   aver=s/5.0;   printf("%f\n",aver);
}
```

12.4　习　题

12.4.1　单项选择题

1. 当已存在文件 abc.txt 时，执行“fopen("abc.txt", "r+");”可以实现(　　)。
   A. 打开文件 abc.txt，清除原有的内容
   B. 打开文件 abc.txt，只能写入新的内容

C. 打开文件 abc.txt，只能读取原有内容

D. 打开文件 abc.txt，可以读取和写入新的内容

2. 对于 fopen()函数，使用"w+"和"a+"都可以向文件写入数据，它们之间的区别是(　　)。

A. "w+"可以在中间插入数据，"a+"只能在末尾追加数据

B. "w+"和"a+"只能在末尾追加数据

C. 当文件存在时，"w+"清除原文件数据，"a+"保留原文件数据

D. "w+"不能在中间插入数据，"a+"不能在末尾追加数据

3. 以下不能将文件位置指针重新移到文件开头位置的函数是(　　)。

A. rewind(fp);　　B. fseek(fp, -(long)ftell(fp), SEEK_CUR);

C. fseek(fp, 0, SEEK_SET);　　D. fseek(fp, 0, SEEK_END);

4. 以下程序的功能是(　　)。

```
main( )
{ FILE *fp;    char str[6]="HELLO";
  fp=fopen("PRN", "w");    fputs(str, fp);    fclose(fp);
}
```

A. 在屏幕上显示 HELLO　　B. 把 HELLO 存入 PRN 文件中

C. 在打印机上打印出 HELLO　　D. 以上都不正确

5. 假设原来不存在文件 abc，执行如下程序后，文件 abc 的内容是(　　)。

```
#include <stdio.h>
main( )
{ FILE *fp;      char *str1="first";      char *str2="second";
  if ((fp=fopen("abc", "w+")) = = NULL) { printf("Can't open abc file\n");   exit(1); }
  fwrite(str2, 6, 1, fp);      fseek(fp, 0L, SEEK_SET);
  fwrite(str1, 5, 1, fp);      fclose(fp);
}
```

A. first　　B. second　　C. firstd　　D. 为空

6. 若要以二进制方式打开一个存放在 C 盘根目录下 use 文件夹中的文件 wj，对其进行追加数据操作，则下面正确的是(　　)。

A. fopen("c:\\use\\wj"，"rb")　　B. fopen("rb"，"c:\\use\\wj")

C. fopen("c:\use\wj"，"rb")　　D. fopen("c:\\use\\wj"，rb)

7. 以下程序的功能是：从键盘输入一个以#为结束标志的字符串，将该字符串存入指定的文件中。请在下列各组中选择正确的选项。

```
#include <stdio.h>
main( )
{ FILE *fp;   char ch, fname[10];   printf("输入文件名：");      scanf("%s", fname);
  if ((__(1)__)) == NULL)   {printf("不能打开文件\n");   exit(0); }
  ch=getchar();
  while(__(2)__)   { fputc(ch,fp);    (__(3)__);    }
  fclose(fp);
}
```

(1) A. fp=fopen(fname, "r")　　B. fp=fopen(fname, "w")
C. fp=fopen("fname", "r")　　D. fp=fopen("fname", "w")

(2) A. ch!='#'　　B. ch<>'#'　　C. ch=='#'　　D. !ch=='#'

(3) A. getc(ch)　　B. getc( )　　C. ch=getchar( )　　D. getchar(ch)

8. 在下面几个函数中，可以把整型数以二进制形式存放到文件中的是(　　)函数。

A. fscanf()　　B. fread()　　C. fwrite()　　D. fputc()

9. 下面说法错误的是(　　)。

A. 以二进制形式输出文件，则文件中的内容与内存中完全一致

B. 定义“int a=123;”后，若将 a 存放在 ASCII 文件中，则 a 在磁盘上占 3 字节

C. 在 C 语言中，没有输入、输出语句，对文件的读/写都是用库函数来实现的

D. 将 ASCII 码文件中的数据读取出来放入内存不需要转换

10. 函数 fopen()的第一个参数是文件名(可带路径)。以下各选项中，充当该函数调用时的第一个参数，且在格式上完全正确的是(　　)。

A. "A:\folder\file"　　B. "A:\\folder\\file"

C. A:\folder\file　　D. A:\\folder\\file

11. 若使用 fopen()函数以二进制方式打开一个已经存在的文件，并对其进行读写和修改的操作，则正确的“文件使用方法”描述是(　　)。

A. rb　　B. rb+　　C. w　　D. wb

12. 若定义“int a[5];”，fp 是一个指向已正确打开的文件的指针，下面的函数调用形式中不正确的是(　　)。

A. fread(a[0],sizeof(int),1,fp)　　B. fread(&a[0],sizeof(int),5,fp);

C. fread(a,sizeof(int),5,fp);　　D. fread(a,5*sizeof(int),1,fp);

13. 系统的标准输出文件是(　　)。

A. 键盘　　B. 硬盘　　C. 内存　　D. 显示器

14. 若调用函数“fopen("file","w");”，则正确的是(　　)。

A. 打开文件 file 只读　　B. 若文件 file 不存在，则可以新建立

C. 打开文件 file 可读可写　　D. 文件 file 必须存在

15. 若调用 fopen( )函数打开文件未能成功，则返回值是(　　)。

A. NULL　　B. 1　　C. －1　　D. 某个非零整数

16. fseek(fd，-10L，SET_CUR)中的 fd 和 SET_CUR 分别为(　　)。

A. 文件指针，文件的开头　　B. 文件指针，文件的当前位置

C. 文件号，文件的开头　　D. 文件号，文件的当前位置

17. 执行“FILE *fp；int a[8]；fp=fopen("wen","w+");”后，下面对 fread()函数的调用形式中正确的是(　　)。

A. fread(a[8],16,1,fp);　　B. fread(a[0],8,1,*fp);

C. fread(&a[8],16,1,fp);　　D. fread(a,16,1,fp);

18. 若执行 fwrite(buffer,size,count,fp)函数正确或不正确，则分别返回(　　)。

A. count 的值，0　　B. size 的值，0

C. count 的值，－1　　D. size 的值，－1

12.4.2 填空题

1. C 语言中根据数据的组织形式，把文件分为________和________两种。

2. 语句“ch=fgetc(stdin)；”的功能是________。

3. 使用 puts()函数实现与函数调用 fputs(buff,stdout)等价的写法为________。

4. 一般来说，操作系统对外部存储介质上的数据的管理是以________为单位的。

5. 在读/写文件之前，应该先________文件，而文件使用结束以后，应该________文件。

6. 关闭文件的函数 fclose()若顺利执行，返回的值为________，否则返回的值为________。若使用结束时不关闭文件，可能出现的问题是________。

7. 函数 fputc(实参 1,实参 2)的作用是________，实参 1 是________，实参 2 是指向文件的指针。

8. 函数 feof()的参数是________，此函数若返回 1 则表示________。

9. fp 是指向某打开文件的指针，调用函数 ferror(fp)，返回一个非零值，表示________。若调用函数 clearerr(fp)后，再调用函数 ferror(fp)，返回值为________。

10. 使用 fopen()函数时，在以下方式中，________不能打开一个不存在的文件。

(1) r+　(2) a　(3) a+　(4) w　(5) rb　(6) w+

11. 程序开始运行时，系统将自动打开 3 个标准文件，分别是________、________和标准出错输出。

12. C 语言中能将文件的位置指针移到任意位置的函数是________，能得到文件的位置指针的当前位置的函数是________。

13. 函数 fgetc(fp)的作用是________。若已经读到了文件的结尾，要将文件的位置指针移到文件的开头，应该使用函数________(fp)。

14. 以下程序将用户从键盘上随机输入的 30 个学生的学号、姓名、数学成绩、计算机成绩及总分写入数据文件 score.txt 中，假设 30 个学生的学号从 1 到 30 连续。输入时不必按学号顺序进行，程序会自动按学号(学号是从 1 到 30)顺序将输入的数据写入文件。请在程序中的空白处填入一条语句或一个表达式。

```
#include <stdio.h>
FILE *fp;
main( )
{struct st
    {int number;   char name[20];   float math;   float computer;   float total; } student;
 int i,j;
      _______   if(    (1)    ) { printf("file open error\n");    exit(1); }
 for(i=0;i<30;i++)
    {scanf("%d,%s,%f,%f",
        &student.number,   _______   (2)   ,&student.math,&student.computer);
     student.total=student.math+student.computer;
     j=student.number-1;   _______   (3)   ;
     if( fwrite (&student, sizeof(student), 1, fp)!=1)   printf("write file error\n");
    }
 fclose(fp);
}
```

15. 以下程序统计文件 fname.dat 中字符的个数，请在空白处填入正确的内容。

```
main()
{FILE *fp;   long num=0;
 if ((fp=fopen("fname.dat","r"))==NULL)   {printf( "Can"t open file! \n"); exit(0);}
 while__________          { fgetc(fp); num++;}
 printf("num=%d\n", num);     fclose(fp);
 }
```

16. 下面的程序将使用 fgetc()函数实现 fgets()的功能，即从文件(fp 所指向的文件)中读取一串字符(n–1 个)，如果成功，则返回缓冲区的首地址(数组名 str)，否则返回 NULL。

```
char   *myfgets(char   str[ ], int   n, FILE   *fp)
     {int   k;   char   c;
      for (k=0; k<n-1; k++)
           _______   if (    (1)    && (c=fgetc(fp))!='\n' && c!='\r')
           {if (ferror(fp)= =0)    str[k]=c;
            else     _______    (2)    ;
           }
        else    break;
      str[k]='\0';
      return(str);
}
```

12.4.3　阅读程序写结果题

1.

```
#include "stdio.h"
main()
{FILE *fp;   char ch, fname[10];     printf("输入一个文件名:");    gets(fname);
 if ((fp=fopen(fname,"w+"))==NULL)   {printf("不能打开%s 文件\n",fname);    exit(0); }
 printf("请输入若干个字符，以字符#结尾:\n");
 while ((ch=getchar())!='#')
       if ('a'<=ch && ch<= 'z')    fputc(ch,fp);
       else    putchar(ch);
 fclose(fp);
 return 0;
}
```

若运行该程序时输入如下内容，则文件 myfile.txt 的内容是什么？

```
myfile.txt↙
abcdefgh123456ab#↙
```

2. 已知文件 wj.txt 的内容是：ghm345tuA**DEj963aHbvx##tipRT567。

```
#include <stdio.h>
int main()
{FILE *fp;   char ch;    fp=fopen("wj.txt", "r");
 while (!feof(fp))
    { ch=fgetc(fp);
      if (!(('a'<=ch && ch<= 'z') ||('A'<=ch && ch<= 'Z') ))    putchar(ch);
    }
 fclose(fp);
```

```
        return 0;
        }
```

3.
```
#include "stdio.h"
main()
{FILE *fp;   int i,n;     fp=fopen("temp", "w+");
 for (i=1;i<=9;i++)   fprintf(fp, "%3d",i);
 for (i=3;i<=7;i=i+2)
     { fseek(fp,i*3L,SEEK_SET);     fscanf(fp, "%3d",&n);
       printf("%3d",n);
     }
 fclose(fp);
}
```

4.
```
#include "stdio.h"
#define   N   5
struct product {int num; int year; int month; int day; }
struct product a1[N],a2[N]={{1,1990,3,1},{2,1991,4,8},{3,1990,1,9},{4,1990,7,5},{5,1991,6,4}};
int main()
 { int i,s=0;   FILE *fp;
   if ((fp=fopen("prod.dat", "wb+")) == NULL) { printf("不能建立文件!\n");   exit(0); }
   for(i=0;i<N;i++)     fwrite(&a2[i],sizeof(struct product),1,fp);
   for(i=0;i<N;i=i+2)
      {fread(&a1[i], sizeof(struct product),1,fp);
       if (a1[i].num%2==1)   s=s+ a1[i].day;
      }
  printf("%d", s);   fclose(fp);
  return 0;
}
```

12.4.4 编写程序题

1. 从键盘输入一个文件名，然后从键盘输入一些字符，逐个把这些字符送到磁盘文件中，直到输入#为止。

2. 从键盘输入一个字符串，将字符串中的小写字母全部转换成大写字母，然后将转换后的字符串输出到磁盘文件 test.txt 中保存。

3. 请完成如下功能：将二维数组 a 的每一行均除以该行上的主对角元素(第 1 行除以 a[0][0]，第 2 行除以 a[1][1]，以此类推)，然后将 a 数组的所有元素值写入当前目录下新建的文件 design.dat 中。

4. 在正整数中找出一个最小的，且被 3、5、7、9 相除所得余数分别为 1、3、5、7 的数，将该数以格式"%d"写到文件 number.dat 中。

5. 素数是只能被 1 和其自身整除的自然数。请找出在 500 至 600 内的所有素数，并按顺序将每个素数用语句“fprintf(p,"%5d",i);”追加到文件 shu.dat 中。

6. 商品有编号、名称、数量、单价 4 项信息，将 5 件商品的信息写到文件 data.dat 中。

7. 从键盘输入 5 个学生的数据(包括学号、姓名、3 门课成绩)，计算每个学生 3 门课的平均分数，将原有的数据和计算出的平均分数存放在磁盘文件 stud.dat 中。

8. 从键盘输入 10 个学生的数据(包括姓名、学号、年龄、住址)，写入文件 stu.dat 中，再读出 stu.dat 中的 10 个学生的数据，将年龄等于 20 的学生的数据显示在屏幕上。

9. 从第 8 题创建的文件 stu.dat 中，读出第 3 个学生的数据，显示在屏幕上。

10. 已知函数 z=f(x,y)=(3.14*x–y)/(x+y)，若 x、y 取值为区间[1，6]的整数，找出能使 z 取最小值的 x 和 y，并将这样的 x 和 y 以格式"%d,%d"写入 D 盘根目录下的 use 文件夹的 defor.dat 文件中。

11. 有两个磁盘文件 a1 和 a2，其中各存放一行字母，请将这两个文件中的信息合并(按字母顺序排列)，并输出到一个新文件 a3 中。

12.5 习题参考答案

12.5.1 单项选择题答案

1. D	2. C	3. D	4. B	5. C
6. A	7. (1)B (2)A (3)C	8. C	9. D	10. B
11. B	12. A	13. D	14. B	15. A
16. B	17. D	18. A		

12.5.2 填空题答案

1. 文本文件　　二进制文件　　2. 从键盘输入一个字符并赋给变量 ch
3. puts(buff)　　4. 文件
5. 打开　　关闭　　6. 0　　－1　　写入缓冲区中的数据丢失
7. 把一字节写到磁盘文件中　　一个字符常量或变量
8. 文件指针　　文件已经结束　　9. 前一次文件操作出错　　0
10. (1) (2) (3) (5)　　11. 标准输入　　标准输出
12. fseek　　ftell　　13. 从 fp 所指的文件中读取一个字符　　rewind
14. (1) (fp=fopen("score.txt","wb+"))= =NULL　　(2) student.name
(3) fseek(fp,(long)(j*sizeof(struct st)),SEEK_SET)
15. (!feof(fp))　　16. (1) !feof(fp)　　(2) return(NULL)

12.5.3 阅读程序写结果题答案

1. 内容是：abcdefghab　　2. 输出：ghmtuADEjaHbvxtipRT
3. 输出：　4　6　8　　4. 输出：14

12.5.4 编写程序题参考答案

1.
```
#include "stdio.h"
main()
{ FILE *fp;    char ch,filename[10];    gets(filename);
  if((fp=fopen(filename,"w"))= =NULL)   {printf("Cannot open file\n");   exit(0); }
  ch=getchar();
  while(ch!='#')
```

```
        {fputc(ch,fp);   putchar(ch);   ch=getchar(); }
      fclose(fp);
     }
```

2.
```
#include "stdio.h"
main()
{ FILE *fp;   char str1[100];   int i=0;
  if((fp=fopen("test","w"))= =NULL)   { printf("Cannot open the file\n");   exit(0); }
  printf("Please input a string:\n");     gets(str1);
  while(str1[i]!='\0')
     { if(str1[i]>='a' && str1[i]<='z')   str1[i]=str1[i]-32;     fputc(str1[i],fp);   i++; }
  fclose(fp);
 }
```

3.
```
#include <stdio.h>
main()
 {FILE *p;   int i,j;   float b, a[4][4]={{ 3,2,7, 6},{5,1,4,7},{8,4,1,9},{4,5,3,1}};
  p=fopen("design.dat","w");
  for(i=0;i<4;i++)
    { b=a[i][i];
       for(j=0;j<4;j++)     a[i][j]/=b;
    }
  for(i=0;i<4;i++)
    {for(j=0;j<4;j++)   fprintf(p,"%10.6f",a[i][j]);
     fprintf(p,"\n");
    }
  fclose(p);
 }
```

4.
```
#include <stdio.h>
 #include <math.h>
 main()
 {FILE *p ;   int i=1 ;       p=fopen ("number.dat","w");
   while ((i%3!=1) || (i%5!=3) || (i%7!=5) || (i%9!=7))   i++;
   printf("%d",i);     fprintf(p,"%d",i);     fclose(p);
 }
```

5.
```
 #include <stdio.h>
 #include <math.h>
 main()
{ FILE *p;   int i , j , bz=0;   p=fopen("shu.dat","a");
  for (i=500; i<=600; i++)
    { bz=0;
      for (j=2; j<=(int)sqrt(i); j++)     if (i%j==0) {bz=1;   break;}
      if (bz= =0)   fprintf(p,"%5d",i);
    }
  fclose(p);
}
```

6.
```
 #include "stdio.h"
 main()
```

```
{struct record {int num;  char name[4];  int count;  float price; };
 struct record s[5]={{1, "aaa",10,12.3},{2, "bbb",20,23.45},
                     {3, "ccc",20,13.45},{4, "ddd",50,78.6},{5, "eee",30,34.21}};
 FILE *fp; int k;
 if ((fp=fopen("data.dat ", "wb"))= =NULL) {printf("不能打开文件!\n"); exit(0); }
 for (k=0;k<5;k++)  fwrite(&s[k],sizeof(struct record),1,fp);
 fclose (fp);
 }
```

7.
```
# include  "stdio.h"
struct  student{ char  num[6];  char  name[8];  int  score[3];  float  avr; } stu[5];
 main()
{int i,j,sum;  FILE *fp;
 for(i=0;i<5;i++)      /*输入数据*/
    {scanf("%s",stu[i].num);  scanf("%s",stu[i].name);
     sum=0;
     for(j=0;j<3;j++)  {scanf("%d",&stu[i].score[j]);  sum+=stu[i].score[j]; }
     stu[i].avr=sum/3.0;
    }
 fp=fopen("stud.dat ","wb");
 for(i=0;i<5;i++)
    if(fwrite(&stu[i],sizeof(struct student),1,fp)!=1)  printf("file write error\n");
 fclose(fp);
}
```

8.
```
#include<stdio.h>
struct stu{char name[10];  int num;  int age;  char addr[15]; }boya[10],boyb[10],*pp,*qq;
main()
{FILE *fp;  char ch;  int i;  pp=boya; qq=boyb;
 if((fp=fopen("stu.dat","wb+"))= =NULL)
     {printf("Cannot open file, strike any key exit!"); getch(); exit(1);}
 for(i=0;i<10;i++,pp++)  scanf("%s%d%d%s",pp->name,&pp->num,&pp->age,pp->addr);
 pp=boya;  fwrite(pp,sizeof(struct stu),10,fp);
 rewind(fp);  fread(qq,sizeof(struct stu),10,fp);
 for(qq=boyb ,i=0;i<10;i++,qq++)
    if(qq->age = =20) printf("%s\t%5d%7d%s\n",qq->name,qq->num,qq->age,qq->addr);
 fclose(fp);
 }
```

说明：当文件打不开时，执行函数 getch()的作用是等待，用户从键盘按任一键后，程序才继续执行。用户可利用等待时间阅读出错提示，按任一键后执行 exit(1)退出程序。

9.
```
#include<stdio.h>
struct stu
{char name[10]; int num; int age; char addr[15]; } boy,*qq;
main()
{ FILE *fp; char ch; int i=2; qq=&boy;
 if((fp=fopen("stu.dat","rb"))= =NULL)
    {printf("Cannot open file, strike any key exit!"); getch(); exit(1); }
 rewind(fp);  fseek(fp,i*sizeof(struct stu), SEEK_SET);  fread(qq,sizeof(struct stu),1,fp);
 printf("%s\t%5d %7d %s\n",qq->name,qq->num,qq->age,qq->addr);
```

```
    fclose(fp);
  }
```

10.
```
#include "stdio.h"
 float f(float x,float y)
   {return((3.14*x-y)/(x+y)) ; }
main()
{ FILE *p; float min; int x,y,x1=1,y1=1;   p=fopen("d:\\use\\defor.dat", "w")   min=f(1,1);
   for (x=1;x<=6;x++)
      for(y=1;y<=6;y++)
         if (f(x,y)<min)   {min=f(x,y); x1=x; y1=y;}
   fprintf(p, "%d,%d",x1,y1);     fclose(p);
}
```

11.
```
#include "stdio.h"
  main()
 {FILE *fp1,*fp2,*fp3;   int i,j,k;   char c[160],t,ch;
  fp1=fopen("a1","r");    fp2=fopen("a2","r");    fp3=fopen("a3","w");
  for(i=0;(ch=fgetc(fp1))!=EOF;i++)   {c[i]=ch;   putchar(c[i]); }
  for(k=i;(ch=fgetc(fp2))!=EOF;k++)   {c[k]=ch;   putchar(c[j]); }
  for(i=0;i<=k-1;i++)            /*冒泡法，对 k 个字符从小到大排序*/
     for(j=0;j<=k-2;j++)
        if(c[j]>c[j+1])
            {t=c[j];c[j]=c[j+1];c[j+1]=t;}
  printf("\n a3 file is:\n");
  for(i=0;i<k;i++)   { fputc(c[i],fp3);   putchar(c[i]); }
  fclose(fp1); fclose(fp2); fclose(fp3);
 }
```

第2篇　C语言程序设计实验教程

实验一　数据类型、运算符和表达式

1. 实验目的

(1) 掌握C语言数据类型，熟悉如何定义整型变量、字符型变量、实型变量，以及如何对它们进行赋值，了解输入或输出整型、字符型、实型数据时所用的格式。

(2) 掌握算术运算符的正确使用和运算优先级，特别是自加(++)和自减(--)运算符的使用规则。

(3) 掌握算术表达式的正确书写方法。

(4) 掌握各类数值型数据之间混合运算的类型转换规则。

2. 内容提要

(1) C语言的数据类型有4种：基本类型、构造类型、指针类型、空类型。

(2) 基本类型的分类及特点如表2-1-1所示。

表2-1-1　基本类型

类型说明符	字　节	数值范围
字符型(char)	1	C字符集
基本整型(int)	4	－214783648~214783647
短整型(short int)	2	－32768~32767
长整型(long int)	4	－214783648~214783647
无符号基本整型(unsigned int)	4	0~4294967295
无符号短整型(unsigned short)	2	0~65535
无符号长整型(unsigned long)	4	0~4294967295
单精度实型(float)	4	3.4E－38~3.4E+38
双精度实型(double)	8	1.7E－308~1.7E+308

(3) 常量后缀有L或l长整型、U或u无符号数、F或f浮点数几种。

(4) 常量类型有整数、长整数、无符号数、浮点数、字符、字符串、符号常数、转义字符等。

(5) 数据类型转换。

① 自动转换。

在不同类型数据的混合运算中，由系统自动实现转换，由少字节类型向多字节类型转换。不同类型的量相互赋值时也由系统自动进行转换，把赋值号右边的类型转换为左边的类型。

② 强制转换。

由强制转换运算符完成转换。例如，(int)(x+y)表示将(x+y)的值强制转换为 int 型。

(6) 运算符优先级和结合性。

一般而言，单目运算符优先级较高，赋值运算符优先级较低；算术运算符优先级较高，关系和逻辑运算符优先级较低。具有左结合性(结合方向是自右至左)的运算符有单目运算符、三目运算符、赋值运算符。

(7) 表达式。

表达式是由运算符连接常量、变量、函数所组成的式子。每个表达式都有一个值和一个类型，表达式的求值按运算符的优先级和结合性所规定的顺序进行。

(8) 对于数值数据类型的常量和变量可使用的运算符有+、–、*、/、%等。

(9) 使用除号/时应注意：两个整型数相除的结果是整型数。

(10) 使用求余运算符%时应注意：只有两个整型数才能进行求余运算。

3. 实验内容

(1) 调试并运行下面的程序，注意整型变量与实型变量的定义及使用方法、符号常量的应用、表达式的计算及变量的赋值，最后在下面的空白处填上正确的内容。

```
#include "stdio.h"
#define PI   3.1415        /*回答问题①*/
main()                     /*求圆和梯形的面积*/
{ float s,r,h,t,b;         /*回答问题②*/
   r=4.0;
   s=PI*r*r;                        /*回答问题③*/
   printf("erea of circle =%d\n",s);
   t=3.0;   b=7.6;   h=4.23;        /*回答问题④*/
   s=(t+b)*h/2;                     /*回答问题⑤*/
   printf("erea of trapezoid =%d\n",s);
}
```

① 为了区别一般的变量，符号常量常用________________表示。

② 变量必须________后才能使用。

③ 程序中的=是________________，与数学中的等号功能不同。

④ C 程序的书写格式比较自由，一行内可以写一条语句，也可以写________语句。

⑤ 在程序中，有些运算符的形式与数学中的表示不同，如乘号为_______，除号为_______，书写时要注意。

在上面程序右边的空白处写出运行结果，并仔细分析。

(2) 调试并运行下面的程序，注意字符变量的定义和使用方法、字符变量的输入与输出、字符数据与整型数据的关系以及转义字符的使用方法等，最后在下面的空白处填入正确的内容。

```
#include "stdio.h"
main()
{char c1,c2;   int x;
 scanf("%c",&c2);                      /*回答问题①*/
 c1=97;                                /*回答问题②*/
 x=c2+2;
 printf("c1=%c,c2=%d, ",c1,c2);       /*回答问题③*/
 printf("%c,%d\n",x,x);
 printf("%c\t%d\t%c\t%c\n",'B','B','\102','\x42'); /*回答问题④、⑤*/
 printf("%s\t%s\n","China","\"China\"");
 printf("%c%c%c",'\a','\a','\007');
}
```

① 用 char 只能定义________型变量，若把对应的语句改为“scanf("%s",c2);”，编译结果是否会出错？

② 字符数据在内存中以________存储，占 1 字节。

③ 字符数据和________之间可以通用，既可按字符型输出，也可按整型输出。

④ 程序中"\t"的功能是________________，"\n"的功能是________________。

⑤ 程序中'\102'是字符'B'的八进制表示，'\x42'是字符'B'的________________。

在上面程序右边的空白处写出运行结果，并仔细分析。

(3) 仔细阅读下面的程序，改正程序中的错误，写出运行结果，然后上机调试验证，最后在下面的空白处填上正确的内容。

```
#include "stdio.h"
main()
{int a,b,c,x,y;
 int k,i=j=0,a;                 /*该句有错，回答问题①*/
 float f,g,h;
 f=g=h=1.6;
 x=(a=10,b=100,c=50);           /*回答问题⑥*/
 y=h;
 f+=(float)(x+y);               /*回答问题③*/
 c=++a+b--;   c--;              /*回答问题②*/
 j=b++%--a;   i=g/10;           /*回答问题④*/
 k=(++b==c?b:c);                /*回答问题⑤*/
 printf("\nk=%d",k);
 printf("\nfloat=%d, int=%d",sizeof f,sizeof(a+b));
 printf("\nx=%d, y=%d, f=%f, c=%d, j=%d, i=%d",x,y,f,c++,j,i);
 }
```

① 在定义变量时可以对变量初始化，但不能________，变量不能重复定义，请改正程序中的错误。

② 增 1(或自增++)、减 1(或自减--)运算符的运算对象是________类型变量，能不能是含有变量的表达式？可否将语句改写成“c=++(a+b);”？

③ 进行强制类型转换后，原变量(x 和 y)的值和数据类型________(变/不变)。

④ 当把一个实型数据赋给整型变量时系统将自动截掉________________。

⑤ 若一个表达式中既包括单目运算，又包括双目运算和三目运算，那么，在计算时最先做的是________。

⑥ 比较赋值运算符与逗号运算符的优先级，在含有逗号表达式的语句中，若去除小括号，x 变量的值将会是什么？

上机运行程序，看看写出的结果是否正确。

4. 思考题

(1) 是否可以通过/和%运算取出一个十进制整数的各位数字？

(2) 如何判断整数 m 是整数 n 的因子？

(3) 如何交换两个变量的值？

实验二　简单C程序设计

1. 实验目的

(1) 理解 C 语言程序设计的顺序结构。

(2) 掌握并熟练应用赋值、输入、输出语句。

2. 内容提要

(1) printf 函数的格式如下：

```
printf("格式控制字符串" [,参数 1][,参数 2][,参数 3]…);
```

printf 函数的使用较频繁，因为输出计算结果是一个程序的三大环节之一，所以熟练应用 printf 函数十分重要。 [,参数 i]可以是常量、变量和表达式，方括号表示该项内容是可选的。

其中简单的几种格式符如下：

① %d 用来对整型变量以十进制整数形式输出结果；

② %f 用来对实型变量以带小数点的十进制数形式输出结果；

③ %c 用来对字符型变量以字符形式输出结果。

(2) scanf 函数的格式如下：

```
scanf("格式控制字符串", 变量地址列表);
```

其中，格式符同前面一样。“变量地址列表”是变量名前加地址运算符(&)，就是此变量的地址，各变量地址之间用逗号“,”隔开，就构成一个变量地址列表。

(3) 编写 C 程序的风格如下：

源程序一律用小写字母，只有符号常量、用户定义的类型标识符用大写字母；按程序的层次，用缩进格式；每个语句之后必须用分号“；”结束(复合语句的大括号后不必加分号)；程序中可适当增加注释行。

(4) 一个 C 程序一般包括输入、处理和输出这 3 大部分。为了使程序具有交互性，最好在输入语句之前添加用来起“提示”作用的输出语句。

3. 实验内容

(1) 先阅读以下程序，仔细分析数据的输入输出格式，然后输入一组数据，再上机调试、运行该程序并分析输出结果，最后在下面的空白处填入正确的内容。

```
#include "stdio.h"
main()
{long int m,n; int i,j,k,w=-1; float x,y; char ch='h';
  printf("\n 输入格式: ");
  printf("\nInput x,y=");
  scanf("%f,%5f",&x,&y);              /*回答问题①*/
  printf("\nInput m,n=");
  scanf("%ld%ld",&m,&n);              /*回答问题②*/
  printf("\nInput i,j,k=");
  scanf("%d,%d,%4d",&i,&j,&k);        /*回答问题⑥*/
  printf("\n\n 输出格式: \n");
  printf("%10.4f %10f\n",x,y);        /*回答问题③*/
  printf("%10ld%-10ld\n",l,m);        /*回答问题④*/
  printf("%10d%10d%10d\n",i,j,k);
  printf("%c, %s\n",ch, "ABCDEF");    /*回答问题⑤*/
  printf("w=%d,%u,%o,%x\n\n",w,w,w,w);
}
```

① C 语言本身没有输入输出语句，所有输入输出都由____________来实现。

② 格式说明%ld 用于输入/输出____________数据。

③ 格式说明%10.4f 中 10 表示数据输出的最小宽度，4 表示____________。

④ 格式说明% - 10ld 中加负号使输出的数据左对齐，不加为____________。

⑤ “输出项目表”是由逗号隔开的表达式组成的，这些表达式必须与“格式说明”字符串中的格式说明的____________一一对应。

⑥ 输入数据的个数和____________必须与 scanf()函数中的“格式说明”一一对应。

(2) 阅读下面的程序，回答以下问题，然后上机调试程序，验证所写的答案。

```
#include  <stdio.h>
main()
{ char a,b;    int c;
   scanf("%c%c%d",&a,&b,&c);
   printf("%c,%c,%d\n",a,b,c);
}
```

① 要使上面程序的输出语句在屏幕上显示“1,2,34”，则从键盘输入的数据格式应为以下选项中的哪一个？(　　)

A. 1　2　34　　B. 1, 2, 34　　C. '1', '2',34　　D. 12　34

② 与上面程序的键盘输入相同的情况下，要使上面程序在屏幕上显示“1　2　34”，则应修改程序中的哪条语句？怎样修改？

③ 要使上面程序的键盘输入数据格式为“1,2,34”，输出语句在屏幕上显示的结果也是“1,2,34”，则应修改程序中的哪条语句？怎样修改？

④ 要使上面程序的键盘输入数据格式为“1,2,34”，而输出语句在屏幕上显示的结果为“a=1,b=2,c=34”，则应修改程序中的哪条语句？怎样修改？

⑤ 要使上面程序的键盘输入无论采用下面哪种格式，程序在屏幕上的输出结果都是“1,2,34”(1 和 2 是字符形式)，则应修改程序中的哪条语句？怎样修改？

第一种输入方式：1,2,34↙(以逗号作为分隔符)。

第二种输入方式：1 2 34↙(以空格作为分隔符)。

第三种输入方式：1 2 34↙(以 Tab 键作为分隔符)。

第四种输入方式：

1↙

2↙

34↙(以 Enter 键作为分隔符)。

(3) 编写一个程序，根据本金 a、存款年数 n、年利率 p 及利息税 q 计算到期后的扣税利息 s。利息的计算公式如下。

$$s=a\times(1+p)^n-a$$

提示：

① 确定已知量为 a、n、p、q，待求量为 s，分析以上量的数据类型。

② 分析需要用键盘输入的变量是哪些，最后输出的变量是哪些。

③ n 次方的计算要由函数 pow()完成，$(1+p)^n$ 即 pow(1+p,n)，使用这个函数必须在程序开始处添加#include <math.h>。

参考算法如图 2-2-1 所示。

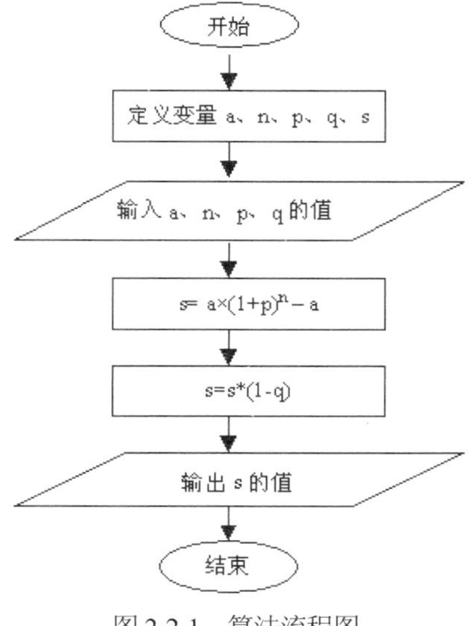

图 2-2-1　算法流程图

4. 思考题

(1) 针对实验程序 1 的执行结果，对格式%m.nf 中整数 m、n 的具体含义做一个小结。对于格式%f 输出的结果，小数点后有几位小数？

(2) 当在输入格式控制字符串最后加一个\n时，对于输入操作会有什么不同？

(3) 若输入格式控制字符串中除格式符外还有其他字符，则输入时应如何输入数据？例如，对于输入函数“scanf("A=%d,B=%d",&a,&b);”，应如何为a、b输入数据？

(4) 在C程序中，表达式1/2和1/2.0的区别是什么？在具体问题中应注意什么？

(5) 在一个C语句之后多加一个分号“;”会产生语法错误吗？为什么？少一个分号又会产生什么后果呢？

实验三　选择结构程序的设计

1. 实验目的

(1) 掌握 6 个关系运算符和 3 个逻辑运算符的正确书写格式和使用方法。

(2) 熟练掌握 if 语句的 3 种形式及其使用方法。

(3) 掌握 switch 语句的使用方法。

(4) 理解 C 语言中逻辑量的表示方法。

2. 内容提要

(1) C 语言中没有专门的逻辑型变量，一般用 0 表示逻辑假，用 1 或非 0 表示逻辑真。

(2) 关系运算符的优先级低于算术运算符，而高于赋值运算符。随着运算符的不断丰富，要经常总结它们的优先级和结合性。

(3) 用基本 if 语句可以编写二分支程序；用“if(e1)s1; else if(e2)s2; else sn;”语句或嵌套 if 语句可以编写多分支程序。用 switch 语句可以编写多分支程序。

(4) 对于嵌套 if 语句，else 子句总是与靠它最近的没有配对的 if 语句配对。

3. 实验内容

(1) 调试并运行下列程序，注意条件语句的使用方法及两个单元交换数据的方法，最后完成程序后面的填空。

```
#include"stdio.h"
  main()
    { float a,b,c,t;    printf("\nPlease input a,b,c=");
      scanf("%f%f%f",&a,&b,&c);    printf("a=%6.2f b=%6.2f c=%6.2f\n",a,b,c);
      if(a>b){ t=a;a=b;b=t; }
      if(a>c){ t=a;a=c;c=t; }
      if(b>c){ t=b;b=c;c=t; }
      printf("%8.2f, %8.2f, %8.2f\n",a,b,c);
    }
```

① 只有当条件语句中表达式的值为____________时才会执行交换数据的语句，否则执行条件语句的后继语句。

② 当程序结束时，变量 a 中所存储的数是 3 个数中的____________。

③ 在条件语句嵌套使用时，必须注意 if 与 else 的配对问题。C 语言规定，else 总是与它上面____________的 if 配对。

④ 条件语句中的条件表达式必须用____________括起来。

⑤ 该程序的功能是____。

(2) 已知整型变量 a,b(b≠0)，设 x 为实型变量，计算分段函数 y 值的公式如下。

$$y=\begin{cases} a+b\times x & 0.5\leqslant x<1.5 \\ a-b\times x & 1.5\leqslant x<2.5 \\ a\times b\times x & 2.5\leqslant x<3.5 \\ a/b\times x & 3.5\leqslant x<4.5 \end{cases}$$

请调试并运行下列求分段函数 y 值的程序，并改正其中的错误，最后在下面空白处填入正确的内容。

```
#include"stdio.h"
main()
{ int a,b,k;
  printf("\n 请输入 a,b,x 的值: ");   scanf("%d%d%f",&a,&b,&x);
  float x,y;                          /*该句位置有错, 回答问题①*/
  k=int(x+0.5);                       /*该句有错, 回答问题②*/
  switch(k)
    { case 1: y=a+b*x; printf("y=%f\n",y); break;        /*回答问题②*/
      case 2: y=a-b*x; printf("y=%f\n",y); break;
      case 3: y=a*b*x; printf("y=%f\n",y);               /*该行有错, 回答问题③*/
      case 4: y=a/b*x; printf("y=%f\n",y); break;        /*该句有错, 回答问题④*/
      default: printf("x error.\n");
    }
}
```

① 数据说明部分能不能放在执行语句部分的中间或后面?

② 在同一个 switch 语句中，所有 case 后的“常量表达式”能不能是已确定值的变量或变量表达式，可否写成“k= =1”这样的形式?

③ break 语句的功能是什么? 若去掉它，会产生什么样的结果?

④ 本句编译时不会出现错误，但与题意不符，请更正(a 与 b 相除，注意类型)。

上机运行程序，分别输入 5 组不同的数据，使程序的每一个选择都被执行到，并写出执行结果。

输入 2　4　1.2　输出________________________

输入 2　4　1.5　输出________________________

输入 2　4　3　输出________________________

输入 2.0　4.0　3　输出________________________

输入 1　4　4.0　输出________________________

(3) 身高预测。据有关生理卫生知识与数据统计分析表明，影响小孩成人后的身高因素包括遗传、饮食习惯与体育锻炼等。小孩成人后的身高与其父母身高和自身性别密切相关。

设 hf 为其父身高，hm 为其母身高，则身高预测公式如下。

男性成人时身高=(hf + hm)×0.54cm

女性成人时身高=(hf×0.923 + hm)/2cm

此外，如果喜爱体育锻炼，那么可以增加身高2%；如果有良好的卫生饮食习惯，可增加身高1.5%。

从键盘输入用户的性别(用字符型变量sex存储，输入字符F表示女性，字符M表示男性)、父母身高(用实型变量存储，hf为其父身高，hm为其母身高)、是否喜爱体育锻炼(用字符型变量sports存储，输入字符Y表示喜爱，字符N表示不喜爱)、是否有良好的饮食习惯等条件(用字符型变量diet存储，输入字符Y表示良好，字符N表示不好)，利用给定公式和身高预测方法对身高进行预测。

提示：

① 确定待输入的量有sex、hf、hm、sports、diet，待求的量为孩子的身高，设为hc。

② 注意以上几个变量的类型，题目中已有提示。

③ 在程序中的每一次输入前都应该要有提示信息。

④ 参考算法如图2-3-1所示。

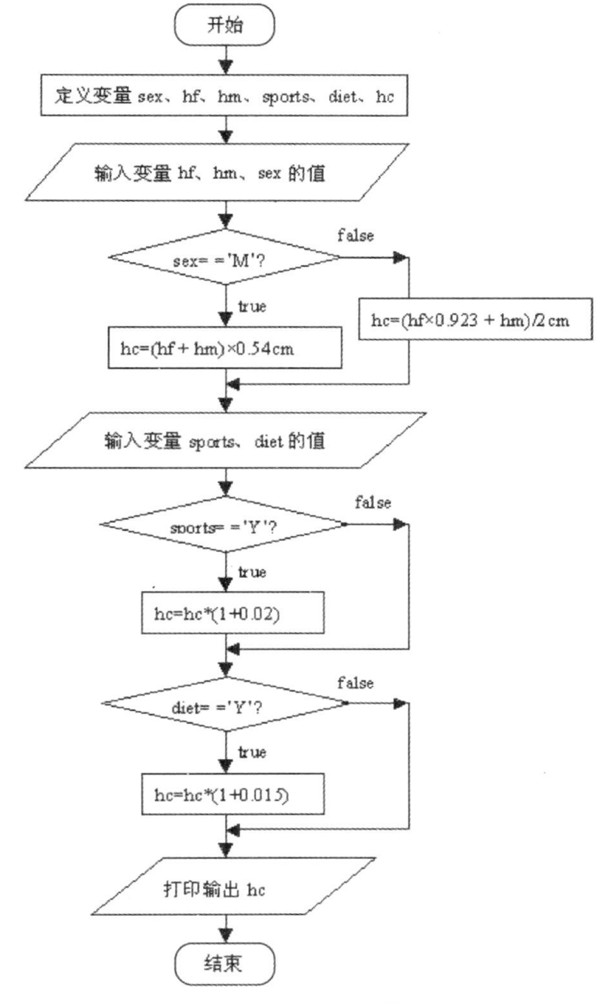

图2-3-1 身高预测算法

(4) 假定向国外邮寄包裹的收费按如下方式进行计算：首先，包裹重量四舍五入到最近的15g的倍数，然后按表2-3-1中的标准收费。编写一个程序，根据用户输入的包裹重量和里程计算邮费。

表2-3-1 收费标准

重　量/g	收　费/元
15	5
30	9
45	12
60	14(每增加1000 km加1元)
75以上	15(每增加1000 km加2元)

提示：

① 由于对重量进行判断时是四舍五入，故不能以简单的整除来求区段。对于用户输入的重量w，应采用如下公式四舍五入到最近的15g的倍数。

$$x=[(w+7)/15]\times 15$$

当w小于8时，x=0，但邮费应为5；当x=60或x≥60时，还应考虑里程费用。

② 设置的变量有重量w，四舍五入后的结果为x，里程为p，收费为f。

③ 根据题意，最适合的程序结构是switch语句结构。

④ 程序流程图如图2-3-2所示。

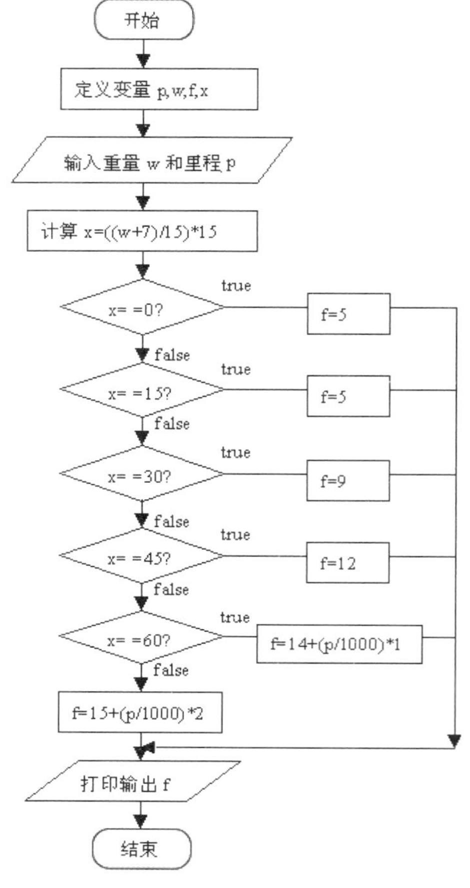

图2-3-2 包裹计费流程图

4. 思考题

(1) 判断变量a是否等于5的正确关系表达式是a= =5，可是在编写程序时误写成了如下形式。

```
if (a=5)    printf("yes\n");
else    printf("no\n");
```

请问：在编译时，C编译程序是否会指出其错误？为什么？

(2) 与逻辑表达式!a 等价的关系表达式是什么？

(3) 对于平面上的一个点P(x,y)，逻辑表达式 fabs(x)≤2 && fabs(y)≤2 表示点P落入哪一区域之中？

(4) 在switch语句中，如果不用break语句，会产生什么结果？

(5) 改变switch语句中的case子句的顺序，会不会改变程序的运行结果？

实验四　循环结构程序的设计

1. 实验目的

(1) 熟练掌握3种循环语句的应用。

(2) 熟练掌握循环结构的嵌套。

(3) 掌握break和continue语句的使用。

(4) 掌握一些常用算法(如穷举法、迭代法、递推法等)。

2. 内容提要

(1) for语句适合于循环次数已知的循环；对于循环次数事先无法知道的循环，一般使用while或do-while语句。

(2) for语句的循环控制变量在循环体内可以引用，如果改变它会影响循环的执行次数；在while和do-while循环体内必须有改变循环控制变量的语句，否则会造成死循环。

(3) continue语句只结束本次循环，不再执行其下面的语句，而去判断下一次循环是否执行；break语句则结束循环，跳出本层循环，执行本循环语句下面的语句。

(4) 在编写多重循环时，要注意各层的循环控制变量不要重复使用。

(5) 对于需要计算多次，每次计算都需要根据条件进行判断的问题，可以采用在循环结构内嵌入if或switch语句的编程方式。

(6) if或switch语句中嵌入循环结构时，是根据给定的条件表达式，当某一条件成立时，就进行循环计算。

3. 实验内容

(1) 调试并运行下列两个程序，注意循环语句的使用方法及执行过程，最后在下面的空白处填入正确的内容。程序一的代码如下：

```
#include "stdio.h"
main()        /*功能是从键盘输入十个字符，把其中的小写字母转换成大写字母后输出*/
{char ch; int n=1;
 while(n<=10)
   { ch=getchar();                 /*输入一个字符*/
     if(ch>='a' && ch<='z')        /*判断是否为小写字母*/
        printf("%c,\n ",ch-32);    /*小写字母转换成大写字母并输出*/
     n++;
   }
}
```

程序二的代码如下：

```
#include "stdio.h"
main()        /*功能是把从键盘输入的小写字母转换成大写字母后再输出，直到输入'*'为止*/
{ char ch;
   do{ ch=getchar();
        if(ch>='a' && ch<='z')
           printf("%c,\n",ch-32);
     }while(ch!='*');
}
```

① 如果程序一的 while 循环内没有“n++;”语句，程序运行时将会出现___________。

② 已知程序一中循环体被执行了 10 次，结束循环时 n 的值是___________。

③ 程序二中循环的结束条件是___________。

④ 如果把程序一中的循环条件改为“while(1)”，为了使循环能正常结束，必须在循环体内的 n++语句后加上语句 if(n>10) ___________。

⑤ 在循环外的语句不受循环的控制，在循环内的语句受___________的控制。

(2) 猜数游戏。编程先由计算机“想”一个 1 到 100 的数让人猜。如果猜对了，则结束游戏，并在屏幕上输出猜了多少次才猜对此数，以此来反映猜数者“猜”的水平；否则计算机给出提示，告诉人所猜的数是太大还是太小。最多可以猜 10 次，如果猜了 10 次仍未猜中，则结束游戏。

提示：

① 计算机“想”一个数实际是由计算机利用 random()函数和 randomize()函数产生一个随机数，这两个函数在头文件 stdlib.h 中。

② 要设置的变量有猜数次数 count，随机被猜数 number，所猜数字 guess。

③ 选用 do-while 结构，参考图 2-4-1 所示的程序流程图。

请读者进一步细化初始化和输出结果这两个步骤。

(3) 水果拼盘问题。现有苹果、橘子、香蕉、菠萝、梨 5 种水果用来做水果拼盘，每个水果拼盘一定有 3 个水果，且这 3 个水果的种类不同，问可以制作多少种水果拼盘？

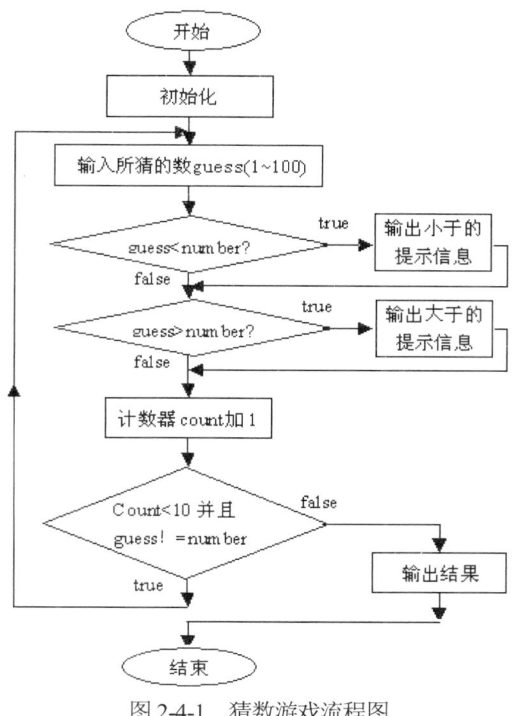

图 2-4-1　猜数游戏流程图

提示：

① 5 种水果分别用 5 个符号常量 apple、orange、banana、pineapple、pear 描述。

② 定义变量 x、y、z。其中 x、y、z 是 5 种水果中的任意一种，设定由水果 x、y、z 制作一种水果拼盘，并满足 x≠y≠z。设置变量 n，计算组合的次数。

③ 使用三重循环语句来组合它们，使用穷举法完成总共可以制作多少种水果拼盘，使用 for 语句较简单。

④ 参考如下程序算法。

```
算法开始
初始计数器 n=0
for 循环(x: apple---->pear)
for 循环(y:apple---->pear)
for 循环(z:apple---->pear)
    如果(z!=x)并且(z!=y)并且(x!=y)
        计数器 n 加 1; 输出 x,y,z 的值
输出计数器 n 的值
算法结束
```

(4) 编写一个 C 程序，读入全班同学的 C 语言程序设计成绩，计算所有同学的平均成绩，要求保留小数两位；求最高分和最低分。

① 设班级人数固定为40个，用 for 语句实现。

② 设班级人数不固定，以输入负数成绩作为循环结束条件，用 while 语句实现。

4. 思考题

(1) 总结3种形式的循环在使用上的区别。

(2) 对于下列语句序列，能输出多少行*****？为什么？

```
for(i=1; i<=5;i++);
  printf("*****\n");
```

(3) 如果要从最内层的循环跳到最外层的循环语句之后，如何实现？

(4) 对于问题“计算 s=1！+2！+3！+…+k!的值，当 s>800 时停止计算，输出停止计算时的 s 和 k 的值”，分别用 for 循环和 while 循环编写程序。比较哪一种循环编写的程序更合适？

(5) 试用牛顿迭代法求方程 $f(x_n)= 2x^3-4x^2+3x-6=0$ 在 1.5 附近的根，要求：$|x_{n+1}-x_n|<10^{-5}$。牛顿迭代公式如下。

$$x_{n+1}=x_n-\frac{f(x_n)}{f'(x_n)}, n=0,1,2,3,\cdots$$

实验五　数组的应用(一)
——数值数据的数组

1. 实验目的

(1) 掌握一维和二维数组的定义规则，数组元素的引用方法。
(2) 掌握数组元素的初始化方法。
(3) 能使用一维或二维数组解决实际问题。
(4) 熟悉与数组相关的算法(冒泡排序、选择排序、二分查找等)。

2. 内容提要

(1) 数组是其组成元素类型相同的结构类型。
(2) C 语言中，数组元素的下标是从 0 开始的；下标的形式可以是整型常数、变量或表达式。
(3) 只有数组元素能参加表达式中的运算，对数组元素可以进行输入、输出及运算，但不能对整个数组进行输入、输出及运算。
(4) 只有外部数组和 static 数组的数组元素可以自动初始化为 0。

3. 实验内容

(1) 调试并运行下面的程序，注意一维数组的定义、引用、初始化方法，以及数组数据的输入与输出方法，最后在下面的空白处填入正确的内容。

```
/*用单层循环结构实现一维数组元素值的输入与输出*/
#include "stdio.h"
main()
{ int buffer[10]={3,-7,4,0,-2},max,i;
   for(i=5;i<10;i++)                 /*输入一维数组 buffer 的后 5 个元素值*/
       scanf("%d",&buffer[i]);
   max=buffer[0];
   for(i=1;i<10;i++)                  /*找最大数*/
       if(max<buffer[i])   max=buffer[i];
   printf("buffer 数组中的最大数为%d\n",max);
   printf("\n 输出数组 buffer 中各元素的值\n");
   for(i=0;i<10;i++)   printf("%d,",buffer[i]);
}
```

① 数组是具有一定顺序关系的若干相同类型变量的集合体，组成数组的变量称为该数组的__________。

② 数组元素的下标一般从__________开始，且不能越界。

③ 数组名是一个常量，是数组首元素的内存__________，不能被赋值或自增。

④ 引用数组时，只能逐个引用数组元素，而不能一次引用__________。

⑤ 在对全部数组元素赋初值时，可以不指定数组的__________。

⑥ 数组元素在内存中是顺序存放的，它们的地址是__________。

⑦ 程序运行结束时，变量 max 中存放的是__________。

(2) 调试并运行下面的程序，注意二维数组的定义、引用、初始化方法，以及数组数据的输入/输出方法，最后在下面的空白处填入正确的内容。

```
/*用双重循环语句来实现二维数组元素值的输入/输出*/
#include "stdio.h"
main()
{ int x[4][4],i,j,max,min,r1,c1,r2,c2;
   for(i=0;i<4;i++)        /*二维数组元素值的输入*/
     for(j=0;j<4;j++)    scanf("%d",&x[i][j]);
   max=min=x[0][0];
   r1=c1=r2=c2=0;
   for(i=0;i<4;i++)        /*找所有元素的最大、最小值*/
     for(j=0;j<4;j++)
        { if(max<x[i][j])
              { max=x[i][j]   r1=i;   c1=j; }
          if(min>x[i][j])
              { min=x[i][j];   r2=i;   c2=j; }
        }
   for(i=0;i<4;i++)   /*二维数组元素值的输出*/
     { printf("\n");
      for(j=0;j<4;j++)    printf("%d",x[i][j]);
     }
   printf("\n max=%d,row=%d,col=%d",max,r1,c1); /*输出最大数及其位置*/
   printf("\n min=%d,row=%d,col=%d",min,r2,c2); /*输出最小数及其位置*/
}
```

① 把程序的运行结果写在上面程序右边的空白处。

② 程序运行结束时，变量 max 中存放的是____________________。

③ 程序运行结束时，变量 r1、c1 中存放的分别是____________________。

④ 程序运行结束时，变量 min 中存放的是____________________。

(3) 在商业和科学研究中，人们经常需要对数据进行分析并将结果以直方图的形式显示出来。例如，一家公司的主管可能需要了解一年来公司的营业状况，比较一下各月份的销售收入状况。如果仅给出一大堆数据，这显然太不直观了。如果能将这些数据以条形图(直方图)的形式表示出来，那么将会大大增加这些数据的直观性，也便于数据的分析与对比。下面以顾客对餐饮服务打分为例，编写一个程序。假设有 40 个学生被邀请来给自助餐厅的食品和服务质量打分，分数为从 1~10 的 10 个等级(1 表示最低分，10 表示最高分)，试统计调查结果，并用'*'打印出示意图。例如，下面表示在 40 个学生中，打 6 分的有 9 人，打 7 分的有 12 人，打 8 分的有 12 人，打 10 分的有 7 人。

分数	打分人数	示意图
6	9	*********
7	12	************
8	12	************
10	7	*******

提示：

① 定义一个含有 40 个元素的数组 score，40 个学生打的分数(1~10)存放在这个数组中。再定义一个含有 11 个元素的数组 count，作为计数器使用(count[0]不用)。

② 算法描述如下:

第一步是通过一个循环结构输入数组 score 的值;

第二步是计算统计结果，设置一个循环，依次检查数组 score 中的每个元素值。若值是 1 则将数组元素 count[1]加 1; 若值是 2 则将数组元素 count[2]加 1，以此类推，将各等级分数的统计结果存放在 count 数组中;

第三步是打印统计结果，设置双重循环，外循环遍历数组 count; 内循环按 count[i]的值打印相应个数的'*'符号。

(4) 统计一个班的学生成绩，要求程序具有如下功能：

① 每个学生的学号和 4 门功课的成绩从键盘读入。

② 计算每个学生的总分和平均分。

③ 按平均成绩进行排序，输出排序后的成绩单(包括学号、4 门功课的成绩和平均分)，给出名次。如果分数相同，则名次并列，其他学生名次不变。

调试程序时，可以先输入少量学生的成绩作为实验数据。例如，可输入 3 名学生 4 门功课的成绩，如下所示：

学号　　成绩

2020301, 67，72，65，80

2020302, 75，82，94，95

2020303, 70，74，80，76

4. 思考题

(1) 什么情况下使用数组？使用数组有什么好处？

(2) 编写一个程序，计算多项式 $P_n(x)=a_0x^n+a_1x^{n-1}+a_2x^{n-2}+\cdots+a_{n-2}x^2+a_{n-1}x+a_n$ 在 $x=x_0$ 处的值。要求程序能适应任意 n 次多项式 $P_n(x)$。

(3) 能用语句“int a['d'–'a'];”定义一个数组吗？如果可以，那么它有几个元素？如果不可以，为什么？

(4) 已有两个按从小到大排好序的整数序列 a 和 b，怎样把它们合并成一个序列 c，且序列 c 中的整数仍然是按从小到大的顺序排列的。

实验六　数组的应用(二)
——字符数据的数组

1. 实验目的

(1) 掌握字符数组和字符串的概念。
(2) 掌握字符数组和字符串的应用。
(3) 掌握字符串输入/输出格式控制符%s 的使用。
(4) 掌握 gets()、puts()、strcmp()、strcpy()等常用字符串处理函数的使用。

2. 内容提要

(1) 字符数组是元素为字符型数据的数组，字符串是以'\0'结束的一串字符，可以将字符串存放在字符数组中。

(2) 用%s 输入字符串时，空格字符是可以作为分隔符来结束输入的。所以使用%s 输入字符串时，不能输入含有空格字符的字符串，而要使用 gets()函数输入含有空格的字符串。

3. 实验内容

(1) 调试并运行下列程序，注意字符数组的定义、引用、初始化方法，以及字符数组数据的输入/输出方法，最后在空白处填入正确的内容。程序的功能为将 str1[ ]与 str2[ ]中各元素的值依次赋给 str[ ]，程序代码如下。

```
#include "stdio.h"
main()
{ int j=0,k=0;   char str[100],str1[10];
  char str2[ ]={"string2"};             /*字符数组 str2 初始化*/
  printf("\nPlaese input string1: ");
  scanf("%s",str1);                     /*输入字符数组 str1*/
  for(j=0;j<10 && str1[j]!='\0';j++) str[j]=str1[j];
  for(k=0;k<8 && str2[k]!='\0';k++) str[j+k]=str2[k];
  str[j+k]='\0';
  printf("\n %s",str);          /*输出字符数组 str*/
  printf("put out str again:");
  j=0;
```

```
    while(str [j]!='\0')        /*用循环逐个输出 str 的元素值*/
      { printf("%c",str[j]); j++; }
  }
```

① 在C语言中没有存放字符串的变量，只能用字符数组来存放________。

② 字符串以________为结束标志。

③ 可用格式符________来整体输入/输出字符数组，也可用格式符"%c"来逐个输入/输出字符数组。

④ 用格式符"%s"输入字符数组时，数组名前不加________，数组名后不加[ ]。

程序说明：

① 循环结构“for(j=0;j<10 && str1[j]!='\0';j++) str[j]=str1[j];”的功能是把数组 str1 的元素逐个赋给数组 str 的对应元素，直到 str1[j]=='\0'为止。循环结束时，循环变量 j 的值为 str1[j]=='\0'时的下标值。

② 循环结构“for(k=0;k<8 && str2[k]!='\0';k++) str[j+k]=str2[k];”的功能是把数组 str2 的元素逐个赋给数组 str。用 j+k 为数组 str 定位，是为了将 str2 的元素放在 str 的原有元素之后。

(2) 调试并运行下列程序，注意输入字符串函数 gets()与输出字符串函数 puts()的使用方法，最后在空白处填入正确的内容。程序的功能是分别统计出字符数组 s 中字母、数字、空格及其他字符的个数，程序代码如下：

```
#include "stdio.h"
main()
{ char s[100];   int i=0,ch=0,num=0,space=0,other=0;
   gets(s);                          /*输入字符串*/
   while(s[i]!='\0'&& i<100)         /*分类统计*/
     { if (s[i]>='a'&& s[i]<='z') ch++;
       else if (s[i]>='A'&& s[i]<='Z') ch++;
       else if (s[i]>='0'&& s[i]<='9') num++;
       else if (s[i]==32) space++;   /*空格的 ASCII 码值为 32*/
       else   other++;
       i++;
     }
  puts(s);   putchar('\n');
  printf("字母个数: %d,数字个数: %d, 空格个数: %d, 其他字符个数: %d\n",
          ch,num,space,other);
}
```

① 函数 gets()的返回值是用于存放输入字符串的字符数组的________________。

② 函数 puts()的参数是________________。

③ 循环表达式“(s[i]!='\0' && i<100)”写成“(s[i]!='\0' || i<100)”时会出现如下错误：____。

(3) 编写程序实现字符串循环左移，左移的位数从键盘输入。示例如下：

原字符串：

a	b	c	d	e	f	g	\0	h	i

循环左移 2 位后：

c	d	e	f	g	a	b	\0	h	i

提示：

① 定义字符数组，并初始化。

② 通过键盘输入变量 n 的值，n 是左移的次数。

③ 每次移动一个字符，每一次移动都是先保存字符串中最左面的一个字符；然后从左面的第 2 个字符开始，字符串中的每个字符顺次向前移动一个位置。

④ 把刚才保存的最前面的字符存放到最后面的位置(注意，不是字符数组中最后的位置，也不是'\0'的位置，而是'\0'前面的位置)。

⑤ 输出左移之后的新字符串。

4. 思考题

(1) 下列声明语句所定义的数组 a1 和 a2 有什么区别？

```
char a1[ ]="computer";
char a2[ ]={'c', 'o', 'm', 'p','u', 't', 'e', 'r'} ;
```

(2) 执行下列语句序列时，若输入字符串“Personal　computer”，那么输出什么？

```
char   line[80];
scanf("%s",line );
printf("%s\n",line);
```

实验七　函　　数

1. 实验目的

(1) 掌握定义函数的方法与规则。

(2) 掌握正确调用函数的规则及形参与实参的对应关系。

(3) 掌握全局变量、局部变量和静态变量的概念、使用方法以及它们的区别。

(4) 理解主调函数和被调函数之间的参数传递方式。

(5) 理解递归函数中的运行机制，会编写简单的递归函数。

2. 内容提要

(1) 用户自定义的函数最好按 ANSI 标准定义，这样可以在编译阶段及早发现程序中的错误，提高开发效率。

(2) 调用函数的规则：在调用函数中，一般应对被调用函数进行说明；在函数调用语句中，实参与形参应在个数、类型和次序上一一对应。

(3) 在函数中定义的形参和变量通常都是动态局部变量，每调用一次就分配一次内存空间，调用结束时释放所占空间；在函数中，可以用静态变量来保持上一次产生的值。

(4) 局部变量只在定义它的函数内有效；若在某函数中全局变量与局部变量同名，则局部变量有效，全局变量被屏蔽。

(5) 局部变量的生存期从函数调用开始直到调用结束；全局变量的生存期从程序执行开始到整个程序执行结束为止。

(6) 一般调用函数时，实参按值传递给形参。在被调函数内改变形参值时不能改变实参的值，不能通过形参来传递结果，只有当形参是指针变量时，才能按地址引用，传递结果。

(7) 数组元素作为函数的实参同变量作为实参一样，是单向传递，即“值传送”方式。

(8) 数组名是该数组所代表的存储区的首地址，是一个地址常数，用数组名作为实参时是按地址传递的，所以可以用数组名作为实参来传递结果。

(9) 实参数组与形参数组共用同一段内存单元，因此，当改变形参数组元素的值后，实参数组元素的值也随之改变了。

(10) 实参数组与形参数组的大小可以一致也可以不一致，但实参数组与形参数组的类型必须一致。

(11) 编写递归函数时，一定要注意递归出口，也就是到某一层后递归就会结束。例如，用公式“n!=n*(n-1)!(n>=1)，0!=1”计算阶乘时，若无“0!=1”这个递归结束的条件是不可行的。

3. 实验内容

(1) 调试并运行下列程序，注意函数的嵌套调用方法，最后在空白处填入正确的内容。

```
#include "string.h"
int k=0;
void change(char cs[ ])
{ k=strlen(cs);    printf("\n%s,%d\n",cs,k);
   printf("\nPlease input string: ");    scanf("%s",cs);              /*输入字符串*/
   k=strlen(cs);    printf("\n%s,%d\n",cs,k);
}
void f(char fstr[ ], char fs1[ ], char fs2[ ])
{ char string[30];      int i,r;
   strcpy(string,fstr);
   for (i=0;string[i]!='\0';i=i+2)    putchar(string[i]);
   if(strcmp(fs1,fs2)==0)    printf("\ns1[]=s2[]");
   else    printf("\ns1[]!=s2[]");
   change(string);        /*调用函数 change */
}
main()
{ char str[30]={ "a1b2c3d4e5f6g7h8i9j0"};
   static char s1[ ]={"string1"};   static char s2[ ]={"string2"};
   f(str,s1,s2);                          /*调用函数 f*/
}
```

① 在上面程序右边的空白处写出程序的嵌套调用过程。

② 程序调用中属于“地址传递”的参数有_____________________________。

③ 字符数组 string 的作用域是____。

④ 变量 k 的生存期是____________________，作用域为____________________。

⑤ 字符数组 string 中存放的是_________________________________。

(2) 编写一个求任意两个正整数 m、n 的最大公约数的函数 gmd()，并测试它。再编写一个求两个正整数的最小公倍数的函数 lcd()，最小公倍数＝m*n/最大公约数。

方法一：不使用全局变量，函数 gmd()和 lcd()为有参函数，m、n 在主函数中输入，主函数调用函数 gmd()和 lcd()时传递参数 m、n，函数 gmd()返回最大公约数、函数 lcd()返回最小公倍数。

方法二：使用全局变量，函数 gmd()和 lcd()为无参函数，在主函数中输入 m、n，调用函数 gmd()返回最大公约数，调用函数 lcd()返回最小公倍数。

(3) 用两种方法编写计算三角形面积的函数：在一种方法中，形参用 3 个变量(a,b,c)。在另一种方法中，形参用包含 3 个元素的数组名(s[3])。使用数组时，在 main()函数中定义数组，从键盘输入数组的 3 个元素值作为三角形的边长，实参用数组的 3 个元素或数组名。对这两种方法进行对比分析。

(4) 假设有两个字符串 str1、str2，编写一个程序，通过简单的菜单实现 str1 到 str2 之间的复制、粘贴等功能，菜单如图 2-7-1 所示。

要求：1~4 的每项功能必须由自定义函数实现。

1. 复制 2. 剪切 3. 粘贴 4. 删除 5. 退出

图 2-7-1 菜单

提示：

① 定义字符数组 str1、str2、str3；复制、剪切时把 str1 中的字符串复制到 str3 中，粘贴时从 str3 复制到 str2 中。

② 复制与剪切的区别：复制不删除源串，剪切删除源串，在剪切函数中可以调用删除函数。

③ 菜单部分的参考算法如下。

```
while(1)
  {打印菜单;
   输入 select;
   switch(select)
     {case  1 : 调用"复制"函数; break;
      case  2 : 调用"剪切"函数; break;
      case  3 : 调用"粘贴"函数; break;
      case  4 : 调用"删除"函数;
      case  5 : break;
      default  : 输出提示信息;
     }
   if (select= =5) break;
  }
```

④ 假如要对源串中的任意多个连续字符进行复制、剪切、粘贴、删除等操作，则需如何修改程序？

(5) 掷骰子游戏。编写程序模拟掷骰子游戏。已知掷骰子游戏的游戏规则为：每个骰子有 6 面，分别包含 1、2、3、4、5、6 个点，每次掷两枚骰子，然后计算点数之和。如果第一次的点数和为 7 或 11，则游戏者胜。如果第一次的点数和为 2、3 或 12，则游戏者败。如果第一次的点数和为 4、5、6、8、9 或 10，则将这个和作为游戏者胜需要掷出的点数，继续掷骰子，直到掷到该点数时算是游戏者胜；如果 7 次仍未掷到该点数，则游戏者败。

4. 思考题

(1) 调用函数时，若实参是整型变量，形参是实型变量，运行结果能正确吗？若实参是实型变量，形参是整型变量，运行结果又将如何呢？

(2) 调用函数时，若实参的个数与形参的个数不相同(大于或小于)，会出现什么结果？

(3) 局部静态变量与自动变量在存储方式上有什么区别？什么样的函数要使用局部静态变量？

(4) 若在函数中对形参数组进行操作，改变了形参数组元素的值，那么实参数组会发生什么变化？

(5) 什么样的问题可以用递归函数来处理？如果递归函数没有递归出口，运行时会出现什么情况？

实验八　指　　针

1．实验目的

(1) 掌握指针变量的定义和概念，掌握运算符*和&的使用方法。

(2) 正确理解指针运算(p+n,p-n,p++,p--,++p,--p,<,>,= =,!=,=)的具体含义，会熟练使用指针进行运算。正确理解空指针常量NULL。

(3) 熟练掌握指针与数组之间的关系(包括二维数组)、数组名的含义、字符串指针。

(4) 熟练掌握指针作为函数参数的使用方法。

(5) 正确理解指向函数的指针变量和返回指针值的函数这两个概念。

2．内容提要

(1) 指针就是某一变量所代表的存储区的地址，指针变量是存储地址的变量。

(2) 用“*”运算符来访问指针变量所指存储区的内容；指针变量定义后必须要动态分配存储区后才能进行访问；可以用malloc(size)函数动态分配内存。

(3) 同一类型的指针变量之间可以进行关系运算(<,<=,>,>=,==,!=)；两个同一类型的指针变量之间可以进行减法(–)运算。

(4) 数组名是该数组存储区的首地址，是一个地址常量。若指针变量中存储某数组元素的地址，可以通过该指针变量加减i来访问其他数组元素(整型变量i中存储整数)。

(5) 指针类型作为函数的参数时，作用是传递地址。

(6) 用数组名或指向此数组的指针变量作为实参，可以调用使用数组名或指针变量作为形参的函数，从而在该函数中利用实参数组的值或指针变量进行计算。

(7) 函数名代表函数的入口地址，函数的入口地址称为函数的指针，可以利用指向函数的指针变量来调用函数。

(8) 调用返回指针值的函数，得到的函数值是指针，即地址。

3．实验内容(以下编程都要使用指针进行处理)

(1) 仔细阅读并运行以下程序，回答下面的问题。

```
#include "stdio.h"
main()
{int i,j,*p,b[6];
 static int a[6]={83,92,51,49,78,56};
 p=a;j=0;
 for (i=0;i<6;i++)
    if (*(p+i)<60) {b[j]=*(p+i); j++;}
 p=a;
 for (i=0;i<6;i++)
    printf("%d   ",*p++);
 printf("\n");
 p=b;
 for (i=0;i<j;i++,p++)
    printf("%d   ",*p);
}
```

① 分析指针变量 p 在各语句中的作用，程序结束后 b 数组元素取什么值？上机测试并进行比较。

② 能否把“p=a;”改写成“*p=a;”或“p=a[0];”？

③ *(p+i)能否写成 p[i]？

④ 若将“printf("%d   ",*p++);”分成两句，应如何修改？

(2) 仔细阅读并运行以下程序，回答下面的问题。

```
#include "stdio.h"
calcusum(int *p, int n)
{int s=0,k;
 for (k=0;k<n;k++,p++)    s=s+*p;
 return(s);
}
main()
{int i,a[10],*b;
 for (i=0;i<10;i++)    scanf("%d",&a[i]);
 for (i=0;i<10;i++)    printf("%d   ",a[i]);
 printf("\n");
 b=a;
 printf("%d\n",calcusum(b,10));
}
```

① 将 main()函数中的实参 b 改用数组名 a (形参不变)，结果是否一致？

② 可否将 calcusum()函数中的形参 p 改为数组名(实参不变，功能相同)？

③ 为什么要在 calcusum()函数中设置参数 n，而不直接使用数组长度 10？

④ 如果要通过指向函数的指针变量引用 calcusum()函数，则该如何修改 main()函数？

⑤ 如果把 calcusum()函数修改为返回指针值的函数，保持功能不变，应该如何修改程序？

(3) 仔细阅读并运行以下程序，回答下面的问题。

```
#include <stdio.h>
int main()
   {int   a[3][5]={{1,2,3,4, 5},{6,7,8, 9,10},{11,12,13,14,15}};
    int s=0,n, row, (*p)[5];                          /*定义行指针变量 p*/
```

```
    p=a;
    printf("Input row = ");   scanf("%d", &row);
    for(n=0; n<5; n++)
        {printf("a[%d][%d] = %d,", row, n, *(*(p+row)+n));   s=s+*(*(p+row)+n); }
    printf("s=%d\n");
    return 0;
}
```

① 运行程序，若输入 1，输出结果是什么？若输入 0 呢？

② p+row 的值是什么？ *(p+row)+n 的值是什么？

③ 若数组的形状为 4 行 6 列，想用指针变量 p 操作数组，应该如何定义 p?

④ 上面程序中的指针变量 p 是行指针变量，可否使用其他指针变量来操作数组？

⑤ 若定义指针变量 p 为“int *p;”，如何使用 p 来计算某一行数组元素的和？

(4) 若有如下定义：

char *p[] ={"Shanghai", "Beijing" , "Guangzhou" , "Hangzhou", "Nanjing","Wuhan"};

请使用冒泡法将指针数组 p 的各元素所指向的 6 个字符串排序(从大到小)，然后输出排序后的 6 个字符串。

(5) 用指针的方法实现字符串循环左移，左移的具体方法请参考实验六中“实验内容”部分的第(3)题。

4. 思考题

(1) 指针变量与非指针变量的值有什么不同？

(2) p1 是指向 int 型数组的指针变量，p2 是指向 char 型数组的指针变量，k 是整型变量，p1+k 与 p2+k 有何区别？

(3) 字符数组 ch 的 5 个元素的值分别是'A'、'B'、'C'、'D'、'E'，将 ch 的首地址赋给指针变量 p，*p 和*(p+4)的值分别是什么？*(p+5)的值又是什么呢？

(4) 指针变量作为函数参数与非指针变量作为函数参数有什么区别？

(5) 若在主调函数中实参是指针变量，在被调函数中形参也是指针变量，那么当形参的值被改变时，实参的值也相应地改变吗？

(6) 当用指针变量(存放数组首地址)或数组名作为函数实参时，可以用什么作为形参？

(7) 返回指针值的函数的形参一定是指针变量吗？

实验九　结构体

1. 实验目的

(1) 掌握结构体类型变量的定义和使用方法。

(2) 掌握结构体类型数组的定义和使用方法。

(3) 理解链表的概念，初步学会对链表进行操作。

2. 内容提要

(1) 结构体类型的变量必须先定义后使用。

(2) 结构体类型是用户定义新数据类型的重要手段。结构体由若干成员组成。成员可以具有不同的数据类型，且成员的表示方法相同。可以用 3 种方式定义结构体类型变量。

(3) 在结构体中，各成员都占有自己的内存空间，它们是同时存在的。一个结构体类型变量的总长度等于所有成员的长度之和。

(4) “.”是成员运算符，可以用它来连接指向结构体类型的指针变量和成员，还可用->运算符来连接指向结构体类型的指针变量和成员。

(5) 结构体变量可以作为函数参数，函数也可以返回指向结构体类型的指针变量。

(6) 声明结构体时允许嵌套，即结构体中某个成员的类型是结构体类型。

(7) 链表是一种重要的数据结构，它便于实现动态的存储分配。本书介绍的是单向链表，还可组成双向链表，循环链表等。

3. 实验内容

(1) 以下程序用于描述一个职工的信息，其中包括姓名、出生年月、奖惩情况、奖金、基本工资。仔细阅读并运行程序，回答下面的问题。

```
#include "stdio.h"
struct   Date
  {int year;   int month; };
struct Person
  { char   name[20];   struct   Date   birth;   char   award[20];   float   money;   float salary;};
```

```
  struct Person   p={"李建国",{1991,10},"模范工程师",0, 0};
main()
{       float num;
        printf("姓名%s:%s\n", p.name,p.award);
        printf("出生年月  %d--%d\n", p. birth. year , p.birth.month);
        printf("请输入基本工资：");   scanf("%f",& p. salary);
        printf("请输入奖金：");       scanf("%f",& p.money);
        num= p. salary+ p.money;
      printf("应领%f 元\n", num);
}
```

① 能否把 Data 的定义放入 Person 定义中？

② 能否将结构体类型的声明和变量的定义放在 main()函数内？

③ 能否以“p. year”形式引用成员 year。

④ 能否以“scanf("%f",& money);”形式为成员 money 赋值？

(2) 每件商品包括 4 项信息：商品名、商品产地、商品数量、商品单价，请使用结构体数组编写程序，完成：输入 1000 种商品的商品名、商品产地、商品数量、商品单价并存放在结构体数组中，计算并输出 1000 种商品的商品单价的平均值，计算并输出每种商品的总价(总价=商品数量×商品单价)。

(3) 以下程序中函数 fun()的功能是：构建一个单向链表，在节点的数据域中存放一个整型数。函数 disp 的功能是显示并输出该单链表中所有节点的数据(成员 sub 的值)。请填空完成函数 disp，并回答下面的问题。

```
#include   <stdio.h>
struct   node
   { int   sub;   struct   node   *next; };
struct   node   *fun( )
{ char k;   struct   node   *head, *new, *p;
   head= (struct   node *)malloc(sizeof(struct   node));    /*申请第一个节点的空间*/
   scanf("%d", &head->sub);                                  /*输入第一个节点成员 sub 的值*/
   head->next =NULL;      p=head;
   printf("continue create next node? (if input (Y) then contiue):");
   k=getch();   /*输入 k 的值，若为 Y 继续创建新节点，否则结束创建*/
   while(k=='Y')
      { new=( struct node *) malloc(sizeof (struct node ));     /*申请新节点*/
        if (new!=NULL)
           { scanf("%d",&new->sub);        /*输入节点成员的值*/
             new->next=NULL;
             p->next=new;      p=new;
           }
        else   {printf("cannot create new node\n");   exit(0);}
        printf("continue create next node? (if input (Y) then contiue):");
        k=getch();
      }
   return (head);
}
void   disp(struct   node   *h)
   { struct   node   *p;    p=h;
```

```
        while (____________)
          {printf("%d\n",p->sub);p=____________; }
      }
    main()
      { struct   node   *hd;
        hd=fun();   disp(hd);   printf("\n");
      }
```

① 若每个节点除了包含指向下一个节点的指针外，还需要存放两个以上的数据，应该如何编写？

② 使用 malloc()函数返回的值是什么？若使用该函数申请内存空间不成功，怎么办？

③ 使用 fun()函数创建链表时，新节点是插在尾部，若希望将新节点插在头部该怎样修改？

④ 语句“p->next=new; p=new;”的作用是什么？

(4) 有 5 个学生，每个学生的数据包括学号、姓名、3 门功课的成绩，从键盘输入 5 个学生的数据，要求打印出每个学生的平均成绩，以及最高分的学生的数据(包括学号、姓名、3 门功课的成绩、平均成绩)。

实验要求：用一个函数输入 5 个学生的数据；用一个函数求每个学生的平均成绩；用一个函数找出最高分的学生数据；平均成绩和最高分的学生数据都在主函数中输出。

(5) 10 个人围成一圈，从第一个人开始顺序报号 1、2、3。凡报到 3 者退出圈子，找出最后留在圈子中的人原来的序号。用单链表实现，把 10 个人用 10 个节点来表示，退出圈子即从链表中删除。

4. 思考题

(1) 结构体类型变量的作用域如何确定？

(2) 结构体变量作为函数参数与指向结构体变量的指针作为函数参数有何区别？选择何种方式较好？

(3) 如何用指向结构体类型数组的指针变量处理数组元素？

(4) 指向结构体类型数组的指针变量与指向结构体类型数组元素的指针变量有何区别？

(5) 在单链表创建操作中，一般选择插入在表头位置较方便，此时输入的数据与建立的链表中数据的顺序正好相反，如何解决此问题？

实验十 文　件

1. 实验目的

(1) 掌握文件、缓冲文件、文件指针的概念。
(2) 熟练掌握缓冲文件系统打开、关闭、定位等函数的使用方法。
(3) 掌握对文件进行读写操作的方法。

2. 内容提要

(1) C语言的缓冲文件系统可以定义文件型指针变量，一般格式如下：

```
FILE *指针变量;
```

通过指针变量能够操作与其相关的文件。

(2) C语言文件在读/写之前用 fopen()函数打开，读/写之后要用 fclose()函数关闭。fopen()函数和 fclose()函数的使用方式如下：

```
FILE    *fp;
fp=fopen(文件名, 使用文件方式);
fclose(fp) ;
```

使用 fopen()函数时注意文件名和使用文件方式都要放在双引号内，文件名前面的路径用双斜杠。

(3) 文件定位函数和读/写函数。

- 函数 rewind()：使位置指针重新返回文件开头。
- 函数 fseek()：可以改变文件的位置指针，将位置指针按需要移到任意位置。
- 函数 fputc()、fgetc()：将一个字符写入文件，从文件读出一个字符。
- 函数 fread()、fwrite()：读/写一个数据块。
- 函数 fscanf()、fprintf()：格式化方式读/写磁盘文件。

(4) 检测函数。

- 函数 feof()：检测文件位置指针是否到达文件尾。

- 函数 ftell()：检测文件位置指针的当前位置，返回值是从文件首到位置指针的当前位置的总的字节数。
- 函数 ferror()：检测读/写时是否出错。
- 函数 clearerr()：将错误标志和文件结束标志设置为 0。

3. 实验内容

(1) 文本文件的输出。仔细阅读以下程序并上机运行程序，回答下面的问题。

```
#include "stdio.h"
main()
{   FILE *fp;     char ch;
    if((fp=fopen("string.txt","r"))==NULL)
        {   printf("Cannot open source file.\n");     exit(1);   }
    while(!feof(fp))
        {   ch=fgetc(fp);
            putchar(ch);
        }
    fclose(fp);
}
```

① 运行本程序前，是否已经建立了文本文件 string.txt？

② 运行程序，查看并分析程序的运行结果。

③ 删除 string.txt 文本文件后，运行程序，查看并分析程序的运行结果。

④ feof()函数的作用是什么？

⑤ 若想从文本的某个指定位置读起，该使用什么函数？

⑥ 若在读取文本文件 string.txt 之后，想再往 string.txt 中追加一些字符，程序应该如何修改？

(2) 编写一个程序，使用如表 2-10-1 所示的五金工具信息，首先建立文件 hardware.dat，存放表中五金工具的信息。然后读取文件 hardware.dat 的内容，显示其中价格大于 100 的五金工具的信息。最后向文件 hardware.dat 的尾部追加两条五金工具信息，一条是：7，螺钉旋具，800，5；另一条是：8，活扳手，700，10。

表 2-10-1　文件中所使用的信息

记 录 号	工 具 名	数量	价格
3	电焊机	7	102.00
17	锤子	76	18.00
24	电钻机	20	235.00
39	电压表	38	12.00
45	电源插座	23	10.00
56	电缆	500	2.00

(3) 编写一个程序，首先使用 fprintf()函数将 10 件商品信息(商品名、编号、单价、数量)写入文件中。然后使用 fscanf 函数读取商品信息，显示单价等于 80 的所有商品。最后向文件中追加如下 2 件商品信息：

大米，1023，3.5， 4500； 面粉，2045， 3.7， 6700。

(4) 学生成绩管理。编写一个程序，对一个班(不多于 50 人)的学生成绩进行管理，其中，每个学生的数据包括学号、姓名、3 门功课的成绩(英语、数学、语文)、总成绩。主菜单如下。

① 添加数据。

② 数据输出。

③ 数据查找(按学号)。

④ 数据删除。

⑤ 退出。

其中，各个选项的功能如下。

① 添加数据：按一定格式输入若干名学生的数据并追加到 stu.txt 文件中。

② 数据输出：从 stu.txt 文件中读取数据，输出所有学生的数据。输出格式如下。

```
学号    姓名    英语    数学    语文    总成绩
==============================================
……      ……      ……      ……      ……      ……
==============================================
```

③ 数据查找：在 stu.txt 文件中查找指定学号的学生，并输出查找结果。

④ 数据删除：从 stu.txt 文件中删除指定学号的学生的数据。

⑤ 退出：退出整个程序的运行(注意：1~4 项功能运行后，程序仍返回主界面，可接着选择其他功能继续执行，只有选择了选项 5 才真正退出程序的运行)。

4. 思考题

(1) 如何以读/写的方式打开“C:\tc\sample”目录下的 text.txt 文件？如果是二进制文件呢？

(2) 读/写文本文件与读/写二进制文件有何区别？

(3) 对于使用某一种格式写入文件的数据，读出这些数据时，格式可以随便选吗？

(4) 如何利用存储在文件中的学生信息实现查找操作？

(5) 分别在什么情况下可以使用下列函数？

fputc()、fgetc()、fread()、fwrite()、fprintf()、fscanf()